U0115646

通透

杨天真 著

湖南文艺出版社
HUNAN LITERATURE AND ART PUBLISHING HOUSE

博集天卷
CS-BOOKY

我的浪漫主义朋友

宋 佳

2022年12月的第一天，杨天真女士找我为她的新书写序，作为共事了十六年的亲密伙伴，她写书我写序，也算是一件相得益彰的妙事。

我与杨天真女士相识于2005年，相知于2006年，相爱相守至今。

杨天真女士思维敏捷、积极自信、坦荡豁达、真诚无畏。一个女性，在社会环境中常常会被定义成一种样子——"你必须这样，你应该那样"，杨天真女士清楚地知道一个想要规划自己事业的年轻女性需要与怎样的限制做抗争。每每看到她永不停止地"折腾"，做着自己想做的事，看到她身处舆论中心依然不慌不忙，我就会忍不住想：这是一个多么勇敢的人啊！杨天真女士就像西方小说里的那些存在主义女性，她们超越自我内在性，无畏地追求着自由与存在的意义。

当然，热爱蝴蝶结、爱穿花裙子的杨天真女士也有她浪漫主义者的一面，这一点在我和她"环游世界"时深有感触。我们吵架，我们喝酒，我们哭了，我们也笑了，在我的人生旅程中有这样一位通透融畅的朋友是多么美好的一种体验啊！

大约十年前，我读过以赛亚·柏林的《浪漫主义的根源》，在画下的无数段句子中，有这么一段：

只有知道自己是谁，知道我们需要什么，知道从哪里获得所需和如何利用所掌握的最佳手段达到目的，我们才能过上幸福的、高尚的、公正的、自由的和满意的生活；所有的美德都是互相兼容的。

我祝愿我的亲爱的伙伴杨天真女士在不同领域创作出更多更好的作品，永远过着热辣真实、美好畅快的生活。山高自有客行路，水深自有渡船人。岂无通达之理，大可放心前去。

补记：

2022年11月我过生日的时候，杨天真女士已是连续第十五年对我说了生日快乐。于是到了12月，我还给她这篇序。这件事告诉我们一个道理——"年轻人，你的职责是平整土地，而非焦虑时光。你做十一月的事，在十二月自有答案。"

是以为记。

小花

杨·福尔摩斯

吴梦知

天真小姐，不怕事儿大，不嫌事儿小。

她不怕事儿大的案例太多了，除了经纪事业，她还会做女装、搞直播、做节目、参加辩论、讲脱口秀、走红毯……而且，每次都搞得动静很大。

而不嫌事儿小呢，就是她又出书了。她总能把我们生活中显而易见的小事，掀开来，钻进去，最后抽丝剥茧，形成一套她独有的认知。

所以，她的书，我常常很乐意当成一个推理故事来读。

这本新书，亦是如此。

嗯……她呢，就是侦探杨·福尔摩斯，对于工作和生活，她一直以一种近乎破案的方式，在不断寻找答案和解法。

杨侦探的好奇心，飞流直下。

我们以网友的方式认识，但从加上微信的第一天起，就好像很熟悉了一样，不需要任何铺垫，直接开始聊节目——当时她计划要做一档新节目，脑子里有十万个为什么。我们还在一问一答着，她的新节目就已经做出来了。

后来，我们聊艺人生态、聊求学、聊旅行……话题庞杂而广泛，但每次都没有废话，而她的输出，总是给我很多启发。

杨侦探的生活，如火如荼。

每隔一段时间，就发现她又在做一件新的事情，完全跨领域。

我一点儿也不意外，完全能够理解，因为她有极敏锐的触角。更重要的是，对于去探索一件跨领域的事情，她是毫不迟疑的，并有着极敏捷的执行力。

我想，她内心的火焰很猛，既不怕烧到别人，也不怕烧到自己。而最后都能安全落地，其中是有智慧打底的。

杨侦探的分享，热情慷慨。

我认为，人生其实是没有真正的终极解法的，我们只不过是在探索的过程中，不断地尝试接近真相，以及找出抵达真相的路径。

在没有找到正解的过程中，去分享自己的思考，是需要热情的；而说真话，是需要勇气的。

但正因为这样，所以有了大家在她身上看到的、认同的"通透"。

我们读一本书的实质，其实阅读的是一个人、一种思维方式、一种视野。

我的职业病，让我对"人"充满了兴趣，所以我常常开玩笑说，杨天真是一个真人秀节目的"天菜"（即最喜欢的嘉宾类型）。她太丰富、太有趣、太奇特了。

而她每次出书，我都会读。她善于把复杂的问题简单化，善于提供通俗易懂的解答，这跟我们做综艺的底层逻辑很像。

同时，她的书，在我们对人生的解谜过程中，会提供一些奇思；让我们在所有闯关的过程中，领略到一些不一样的视角。

《通透》就是这样一本书。杨侦探对她看见的人生，又新开了一挂。

吴梦知

心态影响每一秒输出

薛兆丰

后来我才知道，计算机的主要工作，恐怕不是计算。三十多年前，微软与IBM（国际商业机器公司）分道扬镳，不再共同发布DOS操作系统，原因之一是IBM认为计算机的任务就是计算，所以操作系统只提供几种字体就够了，这样系统会高效且稳定；而微软则认为，计算机的任务不只是计算，操作系统必须为花里胡哨的图形界面支付海量的算力，哪怕这会暂时降低效率和稳定性。两家公司的分歧，很快就有了结果：微软大胜，IBM转行。

计算是计算机的"本"，界面是计算机的"末"。IBM的决策貌似本末有序，但由于界面很不友善，丢失了用户，也就丢失了整个系统升级的原动力；微软确实有点儿本末倒置，但只要赢得了用户，就有了持续迭代升级的雄厚本钱。在这件事上，IBM多着眼于技术，而微软多着眼于人性，这是区别。

这三十年来，我一直思考这段历史。它给我的启发是：成功的关键往往在于被轻视甚至被忽视的因素。

一位名医，到最后其实是一位心理治疗师；一部电影，大家记住的往往不是情节而是它的氛围；一种食物，受欢迎的往往不是它的营养而是它的易于食用；一位创业者，赢得投资人青睐的往往不是商业眼光而是人品；而一位职场达人，取胜的不是机灵圆滑而是稳定的情绪和输出。类似的例子多不胜数。它们初看似乎有点儿奇怪，但深究就能发现规律。

再次想起这个道理，是因为杨天真的第二本书《通透》要出版了，我荣幸应邀作序。五年前，我在北大国发院的朗润园里教过一个短期培训班，班里的学员清一色是国内知名的且有求知欲的女企业家。天真不仅是其中一位，而且是唯一一位延续了她的求知欲，两年后就在这个院子里取得北大EMBA（高级管理人员工商管理硕士）学位的学员。我从此知道，她说到做到，充满能量，天真是来真的！

为什么能来真的？现在在《通透》这本书里，天真分享了她对三十种负面情绪的处理方法。我看这是她"来真的"背后的秘籍。就像计算机不仅仅要计算，还必须腾出大量算力来解决输出输入问题一样，人也不仅仅要工作，而且得与此起彼伏的负面情绪周旋，而这种周旋甚至还是成功的关键。这是因为，心态影响你每一秒的输出。

原来杨天真也会遇到这些情绪！原来杨天真是这样想通透的！原来杨天真的能量是这样聚拢的！相信这就是这本《通透》对你的价值。

薛兆丰

自序

知行合一，从知开始

　　我被不少朋友称为"人间清醒"，或者说我活得通透，其实这是个令人困惑的评价。人真的能活得通透吗？无论想得多明白，当躬身入局、动心动情的时候，几乎不可避免地会困扰、痛苦，我当然也不例外。但这么多年来，我一直努力地自我探索，想搞清楚自己是个什么样的人，为什么会在种种局面下产生情绪，情绪又该如何被我消化或使用，从而让自己成为一个情绪稳定的"想得开"的人。所以，我绝不敢自称"通透"，但确实在孜孜不倦地探索如何更好地理解世界和人心，努力做到"知行合一"。

　　"知行合一"是我最欣赏的一种品质，或者说是一种能力，这句话有很多解释，可以简单理解为说到做到，思想和行动统一。

　　我在20岁出头的时候听到这四个字，觉得可简单了，都知道了还能做不到吗？后来发现这真是一件很难的事情。大多数时候，我们以为自己知道了，其实我们不知道；还有很多时候，我们确定自己知道了，行动却做出了相反的事情。

　　到底什么是"知行合一"？

知是行之始，行是知之成。若会得时，只说一个知，已自有行在；只说一个行，已自有知在。

"知"是"行"的主意，"行"是"知"的功夫。这是王阳明哲学的"知行合一"。他把"知""行"看作一个连贯完整的过程，行动总是基于已有的"知"而来的意愿，而"知"又在行动和实践中得到进一步展开。

绝大多数人被挡在了第一关，不知道自己不知道。还有些人，知道自己不知道，却又不知从哪儿知道。有些人抱着得过且过的态度度过自己的人生，但随着时间和岁月的变化，每个被启智的人，都在成为自己的路上，不断地找寻自我、确定自我。所谓"知己"，先要"观己"，不只从内观，还要从外观，这是一个漫长的过程。

有段时间我非常痛苦，因为我不断地看见自己的错误和短板，甚至自己人性里恶劣的部分。比如小时候，我看到蚂蚁就会拿水枪去滋它们，这些蚂蚁没有惹到我，我为什么要伤害它们？出于儿童的本性，只是觉得好玩，或者有一种恣意的快乐。随着慢慢长大和思考，我意识到，这可能就是人性的本能，是强大的生命必然在弱小的生命面前彰显自己能力的本能。之后我反问自己：我要做这样的人吗？做一个仅凭天生的力量就无视其他生命、任意使用自己能力的人吗？不，我不是要做这样的人。想明白这个问题，就明白了自己不应该欺负那些力量弱于自己的人。此后，对待生活里遇到的所有人，我都尽量保持尊重、礼貌，理解他人的态度，友好地对待陌生人。

所以，认识到自己的恶的过程是一个非常宝贵的经历，只有不断地刷新自我认知，才会做出选择——我要做个善的人还是恶的人？我要做个负责任的人还是任性的人？我要做个对朋友好的人还是自私的人？我要做个强大的人还是怯懦的人？我要做个事事争输赢的人还是不争不抢的人？当你想清楚自己的选择的时候，就不会难受了。那些痛苦的人往往是因为对自己认知不清晰，明明自己想做这样的人，但行为展现出来的是另外一种模式，于是囿于想要的太多却又得不到。

我在小学二年级的时候读到了刘墉的一本书——《我不是教你诈》，这本书开启了我对人性的理解。当然，这也让我有点儿早熟，过早地理解了人的行为有迹可循，我们几乎不可能对抗人性中的爱恨情仇，而理性就是用来把人性往更善意的道路上引导的。

我的第一本书《把自己当回事儿》受到了很多年轻朋友的喜欢，于是我决定写第二本书，谈一谈我这个阶段对人性的理解。因为我看到了太多的痛苦与困惑，都受困于对自己个人体验的过高预期，而不能明白这几乎是所有人都要经历的感受和阶段。或者，对人的行为过于标准化的理解，而看不到行为背后深深的情绪和动机。于是我把自己对人性的理解，用我的语言讲出来。我尽量用简单的、口语化的、好理解的词句，绝不咬文嚼字，绝不卖弄，挖掘人性中一些共性的东西，希望我们能更好地理解自己，也理解他人，更重要的是，建立自我的价值系统，这件事我会在这本书中反复提到，因为这就是"人间清醒"的关键法门。我希望，如果你有机会读到我的书，它能给你一点儿关于人性的启发，犹如我当年被启发过一样。

自我探索之路，漫长且艰辛，活成"人间清醒"，从读懂人性开始。

杨天真

CONTENTS 目录

CONTENTS 目录

V

上癮

ADDICTION

能让人上瘾的，
都是坏东西吗

　　小丁入职公司五年，一直独来独往，交不到朋友。她平时不爱打扮，平凡普通，融不进同事之间关于美妆、穿搭的话题；因为未婚且单身，也参与不了亲子、婚恋相关的讨论。

　　有一天下班后，她在地铁口碰到一个卖兔子的地摊。

　　"小姐姐，买只兔子吗？很好养的。"

　　小兔子一下戳中了小丁的心，这让她联想到了自己，每天被装在各种工作的笼子里，不得自由。

　　"就要这只。"

　　小丁扫码付款之后没有急着回家，而是把兔子提到了附近的一个公园里，打开笼子，把兔子放了出去。

　　"去吧，"小丁轻声说，"你自由了。"

　　没想到这件事被同事张姐和她儿子看见了。

　　张姐的儿子一直想养一只兔子，张姐嫌脏不肯养，正好借小丁放生的事来教育儿子，终于让儿子消停了。第二天张姐到办公室夸赞了小丁。

　　这是小丁进公司五年以来存在感最强的一回，上下班时，她感觉同事们看她的眼神都变亲切了。

　　原来放生会带来这些吗？

后来，小丁就养成了每周都要买点儿什么小动物放生的习惯，有时候是一只小仓鼠，有时候是菜市场的一只鸽子，公司附近的那个公园，成了她的秘密基地。

没过多久，公司组织团建，有人负责钓鱼，有人负责下地摘菜，小丁负责统筹。看到同事钓上来的鱼，她有点儿不忍心了，就提议："我们把这条鱼放了吧？看着怪可怜的。"

刚把鱼钓上来的同事听了，特别不忿："你倒是会当好人，把鱼放了，我们中午吃什么？"

"就是，张姐夸你一句，你还挺当回事儿呗，"另一个同事嘀咕，"咱公司附近那个公园都快成动物园了，保安和保洁阿姨的工作量都增加了，除了日常工作以外还得抓动物、搞卫生，你还真当自己做慈善呢！"

真正让小丁上瘾的是被赞美和关注

小丁的行为是一个把好事变坏事的、行为逐渐夸张的过程，其实这种行为在我们每个人身上都出现过，只是具体的表现形式和走向有所不同。

故事的开头，她和第一只兔子相遇的那个时刻，动了一瞬间的慈悲之心，我把这一刻称为"当下的真实"。我不怀疑那一刻她是快乐的，享受着做善事本身带来的愉悦。就像有时候我们做出一些承诺之后又会自己推翻，很多人在承诺的当下不是蓄谋已久的撒谎，只是在那个瞬间，他被一种自我感动笼罩了，那是一种真实的冲动。这些"当下的真实"碰上了时间的尺度，有时候会出现长久的真实，有时候会出现长久的虚荣，有时候会推翻已经有的承诺，因为过了那个当下，感受变化了。比起救助小动物本身，"被赞美"是一种让小丁更舒爽的感受，甚至她会不断地反复回忆自己的"高光时刻"。人都是这样，一旦有了美好的体验，总是想不断创造同样或者更好的体验，于是这成为持续行为的驱动力。"放生"是她的关键动作，于是她脑子里有了这样一个公式——要想不断地获得赞美，就需要不断地去放生。她希望别人能通过她一而再再而三的放生举动，赞美她是一个善良的人。她在张姐无意识的行为中得到了积极的反馈，从原本默默无闻的配角一跃成为备受瞩目的存在，把"放生"这个偶发行为变成持续性动作，甚至是执念，并当成提升个人存在感的不二法门。

从心理学原理的角度分析，这是她因为渴望外界对自己的接纳而进行的一种印象管理——用一种近乎行骗的手段，完成"善良"这个人设的建立，从而让自己更受欢迎。现实生活中也有这样的人，看起来乐善好施、一副热心肠，实则是享受做好事后的赞美之声，这还不够，他们甚至会站在道德制高点对他人进行道德绑架，要求别人跟自己一起做那些所谓的"善事"。这并不是值得称赞的善良，而是伪善。

为什么在网络上，当有一些不良行为或者争议行为出现的时候，会跳出很多"键盘侠"来指责？一部分人是觉得自己有义务批评，还有一部分人是通过指责他人来获得自己的优越感。批评总是很容易，尤其是当你的批评不用在现实生活中承担后果时，你就更容易失控。有时候克制批评别人也是一种高尚的能力。

更极端的情况是，有的网络博主为了博取社交平台流量，用伤害小动物的方式换取它张牙舞爪的表情，加上时下流行的配音或音乐，展现自己和宠物关系好的一面，进行作秀。

故事中的小丁、网络上的"键盘侠"和虐待动物的网络博主，实际上都是在不断获得他人的关注和认可的过程中感受到欲望的满足。请注意，这里我讲的是欲望，而不是快乐。在《贪婪的多巴胺》这本书里，作者详细阐释了"多巴胺"（dopamine）这种欲望分子是如何影响人类的情绪与行为的——多巴胺就像一个奖赏和允诺中心，它承诺，如果你做了某件事或者服从它的意志，它就会奖励你；不服从，你就会感到痛苦。有些人为了保持那份欲望被满足后的愉悦感，就会不断去重复那些让自己轻松获益的事情，逐渐上瘾，产生依赖。

可以说，**欲望是上瘾者行为的驱动力。**

如何正视自己的欲望

欲望多巴胺给了你"幻影"——你希望拥有但目前还没有的东西，相当于汽车后排咿咿呀呀叫嚷的小孩，他想去很多地方，看到路边的玩具店就会给父母下指示："停下，我想去看看！"而**控制多巴胺**相当于驾驶席上父母手中的方向盘，父母听到请求之后，会想着"让他高兴一下，满足他"或者"趁机跟他提些要求"，利用欲望多巴胺提供的兴奋和动力，评估后决定在哪儿停车。方向盘不掌握在孩子手中，孩子就会被支配。

回看故事里的小丁，如果她能通过这个事情顺藤摸瓜，搞清楚自己的欲望到底是什么，她就能有效改善自己的行为。她想要什么你现在看清了吗？

A.做一个善良的人

B.做一个被赞美的人

C.做一个被关注且受欢迎的人

其实这三点并不矛盾，A和B是实现C的工具，而C才是小丁最想达到的目的。我们每个人都会陷入分不清手段与目的的困境中，由于一些社会共识或者别人的煽动错误地混淆了自己表面的欲望和真正的目标，行动上就会产生两个结果：第一是白费功夫；第二是让他人看不惯，自己又觉得委屈。我们当然不需要把人生的目的赤裸裸地展现给所有人，但是你自己，清楚了吗？

上瘾不是疾病

我们再来剖析何为"上瘾"。严格来说，上瘾是指"对某种行为或物质有害的、持续性的、强迫性的依赖"，通俗来讲就是大脑的奖赏机制变成某种单一的刺激——只要做这件事，自己就会感觉愉悦，所以不断地重复这种行为。有时候自己明知道那样不对，会伤害到自己或者干扰到正常的生活秩序，却还是情不自禁地想做，那它可能会逐渐成为一种上瘾行为。最简单来说，我每天睡前都忍不住想要吃一口辣的东西，我明明知道这对我的身体不好，但是觉得自己辛苦工作一天了，就吃一口自己想吃的东西也要为难自己吗？久而久之，养成了一个坏习惯，不吃点儿消夜就失眠，身体的负担就变重了。

美国心理治疗学家威廉·格拉瑟（William Glasser）认为，一个人之所以产生上瘾行为，是因为他们在现实生活中无法找到爱与价值，或者是在这个过程中遇到了挫折，且无法缓解这种迷茫与痛苦，于是用酒精、赌博、游戏、刷各种社交平台等方式转移注意力。

他在《积极上瘾》这本书里提出过一个有意思的观点：**上瘾分为消极上瘾和积极上瘾。**前者很好理解，就是人在酒精、药物等事物中放任自流。这里我想着重聊聊积极上瘾，它可以简单概括为"人对做自己喜欢的事情入迷"，无害且可持续，比如运动、画画、阅读、静坐冥想等。这件事让大脑形成一种认知，并且建立起新的神经连接——只要自己在做这件事，就会感觉愉快，而这种做事时的满足感足够吸引自己下一次继续进行这件事。

所以，我们与其去控制自己的欲望，让自己从那些非常喜欢而无法控制的事情中挣脱，不如选择另一个选项，就是培养自己的积极上瘾行为，把注意力分配给那些对我们更有价值的事情。当然，因为每个人的身体结构和心理结构不一样，容易积极上瘾的点也不同。比如，对我来说，跑步绝对是一种折磨，而对那些能轻松跑完十公里的人来讲，一天不跑就浑身难受；但是通过强制要求自己每隔一段时间就参加一个考试来倒逼自己学习，最终取得好成绩，这个过程对我来讲就是一种享受。

和消极上瘾时容易产生的多巴胺不同，与积极上瘾挂钩的是另一种内源性肽类物质，也就是被称为"快乐激素"的内啡肽（endorphin），它同样会给人带来愉悦感，但它属于大脑的补偿机制。比如，一个人长时间、连续性、中等强度地奔跑，当运动量达到某种程度时，大脑为了让人感觉不那么痛苦，就会分泌内啡肽，缓解运动所带来的疲惫，给跑步者带来愉悦感。所以，在有些人眼中，极具挑战性的滑雪、撸铁、游泳都是享受，可以带来更长久的快乐和成就感。

如何用积极上瘾的方式戒除消极上瘾

所有的消极上瘾产品或者消极上瘾行为都只是用来逃避其他

痛苦的临时解决方案，属于治标不治本，往往会带来更多的问题。尤其那些会对身体或关系造成伤害的消极上瘾行为，要想戒掉又没那么容易，所以我们需要制订一套适合自己的管理模式，找到与"瘾"和平共处的办法。

我们以这位曾经在直播时向我提出以下问题的朋友为例：

> 刚上大学的时候家里给的生活费比较多，自己逐渐养成大手大脚的消费习惯。毕业以后自己挣钱，每个月都觉得钱不够花，但没有像其他人一样知道挣钱不容易就会省，我还是经常冲动消费，觉得花钱这个行为给自己带来快感。我知道自己已经对消费上瘾了，却不知道该怎么改变。

首先，你能意识到"自己已经对消费上瘾了"这件事，恭喜你已经做到了一半的"知"，至于解决方案，我在这里提供两个步骤：

第一步：

认清自己的底层欲望——自己究竟是"喜欢花钱这个行为"，并需要"切实得到购买的物品"，还是只是"喜欢支配金钱的感觉"。

第二步：

如果你是真的喜欢花钱这个行为，第一种简单粗暴的解决方法是把花钱转化成赚钱的动力。因为知道自己喜欢花钱，所以要更努力地赚钱。如果你知道自己喜欢买东西，那你得不到自己想要的东西就一定会感觉痛苦。为了不让自己难受，就得想办法把看似负面的上瘾，转化成具有正面价值的上瘾。当然，光有动力还不够，你得付出更多的努力，使自己的能力可以匹配更高的收入层次。

第二种方法是降低消费水平。如果你有强烈的购物欲，想一直买买买，可能你只是喜欢购物这个行为本身，不妨尝试在保证购物频次的基础上降低所购物品的价格，这样也能减少浪费。简单来说，你可能实现不了在购物中心消费自由，那你是不是可以改为去超市消费自由；超市也不行的话，能不能去批发市场？先估算自己可自由支配的消费金额，然后把过去一个月花一万块的习惯，转变成现在一个月花一千块。

另外，**如果你只是喜欢支配金钱的感觉，那么你可以试试"平替法"**。比如，陪别人逛街，看他花钱。又或者你有一定的审美，那就干脆发挥特长，找一份买手或者采购的工作，这样你依旧干着花钱买东西的事，但花的不是自己的钱，反而还把它变成了赚钱的能力。

回到开篇小丁的故事里，她其实只是一个需要存在感、需要被看到和赞美的普通女孩，让小丁上瘾的是被关注，而不是做善举，做善举是她的手段，但是"放生"也不是真正意义上的、可持续的善举。所以我给小丁的建议就是，正视自己想被看见的欲望，找到一个给自己真正加分且持续有价值的事情，不用求得所有人对自己的赞美，找到志同道合、能欣赏自己的人，多与之互动，一个人能被欣赏自己的人真心夸奖，才会收获心底的喜悦。

总结一下，我们可以理性、合理地规划一些事情，但也要正视某些问题的存在。生而为人，注定躲不开也避不过某些瘾，与其反复沦陷，不如巧妙地引导和支配它。

通透时刻

上瘾自测

威廉·格拉瑟在《积极上瘾》中提到，积极上瘾的六个标准是：

1.你做的事情是非竞争性的，而且可以保证每天投入大约1小时在上面。

2.这种活动对你而言比较简单，不需要很费力就可以做好。

3.你可以独自完成，或者少数情况下和他人一起，但是并不一定需要他人才能完成。

4.你相信这种活动会给你带来一定的价值（身体上或精神上）。

5.你相信如果坚持下去，你就能够得到提高，但这是很主观的，因为你是唯一一会做出评价的人。

6.进行这种活动时，你必须是非自我批评的。

请根据以上积极上瘾的标准，在下表中列出你正沉浸其中的积极上瘾事件和消极上瘾事件。

为什么要做情商课？

我经常看到很多人向我求助，甚至是向我求救，大多数困扰产生的原因都是被关系纠缠。

有的人不知道怎么处理职场进退，有的人不知道怎么处理亲密关系，有的人充满欲望，却又不断劝说自己后退，受困其中，被包裹在怨气跟委屈的低能量中不知所措。

但这些问题对我，从来都不会造成困扰。

所有的关系问题，本质都是怎么理解自己，怎么处理情绪。这些问题表面上看过去是社会经验问题，或者是智商智力的体现，但其实所有的关于自我认知和关系的问题，都是情商问题。

我做了十几年的经纪人，经纪工作内容是为艺人做职业规划，帮助艺人争取工作机会，和影视公司、视频平台、广告客户等协作，同时还需要协调媒体关系，管理艺人的个人品牌和公众形象，进行危机公关。

最重要的是要与艺人进行深度沟通，艺人个体能产生巨大的影响力，但也时常有着巨大的情绪压力。

一个优秀的经纪人需要有优秀的情绪管理能力，帮助艺人保持理性，同时也要保证自己不被大型突发事件压垮。

一个优秀的经纪人必须得是一个高情商者，才能和艺术创作者沟通，并为他们谋取事业的发展。

十几年来我遇到过各种奇葩事儿，也遇到过诸多危机，但都被我一一化解。

在大量高频次、高强度的训练中，我学会了快速锁定目标、排除情绪、直面问题、解决问题，于是情商变得越来越高。

作为一个资深经纪人，也是国内著名经纪公司的创始人，我为几十位艺人服务过，陪伴他们或者共创事业。

同时我还经营了自己的大码女装品牌PLUSMALL；我是短视频博主，全网粉丝量超过千万；我也是畅销书作家，我的第一本书《把自己当回事儿》一年畅销近60万册。

在这些年的成长里我最大的收获是：第一，要爱自己，让自己成为巨大的能量源；第二，要热爱世界，让自己对世界有用。一个闪着光的爱自己的人，怎么会不被人爱呢？

人的能力是可以主动培养的，而高情商就是富养自己的能力。懂得汇聚力量给自己注入，懂得传递力量让他人获利，能量在与世界的不断接触中流动。人要成为自己能量的主人。

这就是我的32堂情商课要带给你的东西，从全新的视角去拆解你的人生，从自我出发看待自己的能量。

这套课包括4个模块：

模块一，建立你的能量场。我会教你如何运用好自身的优劣势，帮你挖掘到你本来就有的、但一直被你忽略的情商技能。

模块二，减少能量耗损。我会解决10个最容易造成耗损的难题，比如自卑、拖延、不会拒绝、被外界评价影响等，帮你打造无条件的自我稳定。

模块三，提升你的能量。直击16个你每天都可能遇到的沟通表达、人脉社交场景。比如如何汇报，把节奏掌握在自己手中；如何联结，打造高质量的人脉网络。

模块四，找到成事之道。我会和"优势星球"发起人崔璀老师共同授课，从不同角度分析和拆解管理、面试等问题，让内向者也能找到自己的成事之道。

高情商不是一种只属于少数人的、学不会的天赋。以能量为抓手，提高情商就像做饭炒菜，随时都能学，人人可学会。

我把这套课程的购买方式放在微信公众号"壹起天真"里，在消息栏发送"情商课"，即可获取。结合我的亲身经历，我以32个简单易懂的公式给你高情商应对工作和处理问题的建议与参考。

我相信，这套课程会让你学会爱自己的同时也能给予他人能量，让你有不做选择题的底气，也拥有全都要的能力。

——杨天真

积极上瘾事件	消极上瘾事件

　　运用以上标准剖析你的积极/消极上瘾事件之后，不妨试着用你养成积极上瘾行为的动因，去帮助自己改变已形成的消极上瘾行为。

　　扫描本书封底二维码关注"壹起天真"公众号，在消息栏发送"上瘾"，你会获得更多关于积极上瘾与消极上瘾的现状分析与解决建议。欢迎点击公众号文章末尾链接，分享你养成或戒断上瘾行为的驱动原因。

好胜

BELLICOSE

不要让"想赢"
变成伤害彼此的武器

娇娇和倩倩是一起长大的好朋友，从小到大不管是学习成绩还是体育、跳舞，娇娇都表现得比倩倩优秀，是一般父母口中的"别人家的小孩"；但倩倩性格比较淡然，对于这样的差距并不在意。后来她们考入同一所大学，一起加入学生会外联部，第一个任务就是要给迎新晚会拉赞助。部长召集所有组员开会，要所有新生分组来完成任务。娇娇当然第一个举手当小组长，没想到一向内向的倩倩也举手了，还主动承担了大部分任务。倩倩悄悄跟娇娇说自己有个亲戚在某公司市场部，所以有信心完成目标，娇娇心里不想输，硬着头皮报了一个比倩倩还高的任务量。

娇娇因为没有现成资源，又没有经验，谈判过程中非常吃力，为了完成任务连翘了几节专业课，搞得自己疲惫不堪。一周过去，娇娇的小组只完成了任务量的1/4，她心里很没底，只能不断鼓励组员们多跑几家公司去拉赞助，时间长了，组员们也有了怨言。倩倩劝娇娇说："咱们都是新生，没必要给自己那么大压力。"娇娇说："我只是不想输啊。"

最终汇报的时候，娇娇带领的小组没有完成任务，而倩倩那一组却如期达成了目标。看着倩倩和组员一起接受表扬，有说有笑，娇娇心里有些不是滋味。汇报结束后，倩倩发信息叫娇娇一起去吃饭，娇娇随便找了个借口拒绝了。

娇娇很难过："我只是不想比我的好朋友差啊，为什么自己的好胜心反而使姐妹之间有了隔阂呢？"

警惕不健康的胜负欲

从进化学的角度看，赢得比赛是进化成功的必要条件，所以人生来带有好胜心或者说好战欲，这是非常正常的事情。

如果说我现在的人生比起十年前有什么进步的话，首先就是不会凡事都要争第一了。我小时候看不起"中庸之道"，觉得那是胆小懦弱或者能力不足的表现，但凡有机会展现自己，绝不怯场，不管是在亲密关系里还是对朋友、同事，我总想成为一个比周遭人都优秀的人。有时候跟周围的人比，有时候跟过往的成绩比，有时候跟别人期待中的自己比。这种好胜心有时候会让自己冒进，或者突兀地伤害别人而不自知。不过好在我不太容易产生嫉妒心（可能是太喜欢自己的缘故），所以没有衍生出嫉妒或愤怒的行为。大部分时候，好胜心都推动我更努力认真地前进。

适度的好胜心可以帮助我们进入"战斗"模式，有利于取得成功，但过强甚至趋于病态的胜负欲，其负面影响远大于它的优点。

罗素在《幸福之路》这本书里点明了这一真相："过于重视竞争的成功，把它当作幸福的主源，这就种下了烦恼之根。"

第一，被好胜心支配的人往往会陷入虚荣和贪心的深渊中。

跳出深渊的秘诀就是要有清晰的自我意识。比如，你昨天跑步跑了五公里，今天你要求自己要跑六公里，这是基于科学的训练计划，还是缘于你想着"今天要比昨天更进步啊"。进步的意义在于做对成长有意义的事情，不是数字的提升或者纯粹地被好胜心支配，只有认清这一点，才能打破不断对比、求胜的恶性循环。这样的自我意识往往是最难的，因为它凌驾于我们的主观意识之上。每一种所谓的好胜心背后都有一种更强大的不安全感支撑着，人们用争强好胜这个行为去抵抗或者填补来自内心的不安全感。

第二，好胜心会让你过度关注竞争对手而打乱自己的节奏，浪费精力和时间。

举个例子，在艺人经纪工作中经常发生一个我觉得没啥必要但是动静很大的动作——"争番位"，就是在影视综艺作品中艺人名字出现的位次，或者是在海报里的大小、位次。如果角色明确还比较好办，但如果是双主角，或者综艺节目这种没有明确角色主次的情况，就很容易引起争议，尤其是当有些艺人有大量粉丝的时候，那一定会争个你死我活，团队、粉丝齐上阵，闹得不可开交。我就遇到过跟一个剧组合作，前期为了让两位演员都能签下合同，就跟两位主角签了一样的合同，都是排位第一，想着到了宣传期再来看咋办，结果后期很焦灼。归根结底，海报只是个说明，并不代表事情的本质，比如演员的演技、角色塑造成果等，都无法靠一张海报来体现。所以，"番位"这个东西本身价值并不大，只要角色好、戏份多，在几番根本没那么重要。那为什么大家对此格外在意呢？其实就是好胜心作祟。"争番位"通常发生在作品拍摄或正式播出之前，大家没有看到作品的真实面貌，所以就非常在意表面现象，有时候甚至要和制作公司、平台耗费心力开很多会去讨论。这就是为了满足一时的胜负之欲而把精力放在了不必要的地方。我自己有一个小心机，当你作为"一番"出现的时候，就意味着你要扛票房、扛收视率、扛口碑，去争之前，最好先衡量一下你的能力是否真的扛得起这一切。我宁可选择做借势的一方锦上添花，也不想做那看似荣光却如临深渊的危险操作。所以我觉得事情回归本来的样子就好：谁想扛，谁上；谁该扛，谁上。

再比如，一些商业对手会在你与我之间缠斗，争得你死我活，就很容易过度关注对手的行动，而忽略全局，在一场场攻守战中消耗掉了所有的子弹和储备，那么一旦有后来者居上，就很容易"螳螂捕蝉，黄雀在后"，落得个两败俱伤，他人得利。

好胜心来源于什么

第一，没有建立起自己的**价值体系**（在这本书里，我会不断提到这个词）。因为不知道什么是真正的"好"，所以遇到任何事都会不自觉地以某种主流的社会共识或者信任的人的意见为参考标准，而不是以自己的价值体系去衡量。以对比的方式树立所谓的个人价值感，这就是好胜心的最明显的表现。

第二，**自卑心态**。有一些人看起来争强好胜，其实是源于内心的不自信，甚至是自卑。因为他们认为自己能力不足，怕被别人看不起，所以急于表现自己。这类人眼中的人生哲学是：人生就是比赛，人生就要竞争，只有胜利者才能获得尊敬。所以，他们只能通过打败他人来证明自己，从而创造出一种"我比你强"或者"我比所有人强"的状态，建立一个属于他们自己的自信舒适圈。这样的安全感可以让他们感觉自己赢过了所有人，从而收获自己所需要的注意力和来自他人羡慕的目光。

找准你的竞争目标，
别把好胜心的战场放在亲密关系上

故事中的娇娇就犯了找错"比较对象"的错。她把一决胜负的注意力完全放在了朋友身上，导致两个人的关系变成了"我事事都要赢过你"。

我的建议是，**不要跟与自己有亲密关系的人进入盲目比较的状态。**大部分在亲密关系中较劲的人都是不想在关系中处于被动状态，不想因为自己某方面不如对方而被对方轻视。但亲密关系的意义是共建美好和谐的共存状态，别人在意我们是因为我们是我们，而不是因为我们比他们更优秀。这个亲密关系包括亲人、爱人、朋友。所谓关系，就是说每个人的角色是有任务的，每个人因为彼此能力的不同该干的事情也不一样，而陷入盲目的比较状态，除了伤害关系，其实没啥好处。

大家应该或多或少都听过或亲历过这样的吵架场景：刚开始还是就某件事情的是非对错指出问题，说着说着一方开始从另一方的语言中寻找逻辑漏洞或者知识面的漏洞来攻击对方，意图从这一个疏漏中去证明对方的整套价值系统都不对，然后你们就会发现自己在讨论的根本不是刚开始的话题，两个人越扯越远，情绪越来越大。

其实，沟通的核心目的是表明态度，了解另一方的想法，进而找到解决方案。如果在沟通过程中非要证明谁对谁错，带着好胜心去沟通，也就是站在"我是对的，或者我的想法是更好的"这个立场，通常会演变成吵架，而无法解决问题。好胜心不应该成为亲密关系中伤害彼此的武器。

如何调整被胜负欲支配的状态

人们对于"成功"总有个误区，那就是把成功（做得好）与胜利（做得比别人好）混为一谈。如果把"事事都要赢"当作自己的人生要义，也不是不行，但是会活得很累，整个人肌肉紧绷，心理持续紧张，大脑和身体甚至在本该放松的时候都忘记了放松的感觉。

那么，如果你希望调整自己的生活状态，希望自己活得松弛有度，不被过度的好胜心支配，该如何调整自己呢？

第一，专注于一个关于自我超越的目标，而不是击败他人的目标。

当你过度在意所谓的竞争对手时，你的目标就变成了如何超越他。对方做了某件事，而你没有做，你的好胜心就会忽悠你去拥有与对方同样的东西，而忽略了去判断这个事情本身是否有价值以及你是否会从中获益。

试试把目标调整一下——

以前你可能想的是："他考上某某大学的研究生了，我也要去考这个学校！"

现在不妨把自己放在第一位："我现在的工作状态比较稳定，业余时间也比较充裕，我想突破一下自我，所以准备学一种新的乐器！"

第二，事事想"我们"，而不是"我和你"。

事实上，在历史长河中真正推动人类文明进步的是合作，而不是单纯的好胜心。关于如何在沟通中更好地达成共识和共赢，在我的第一本书《把自己当回事儿》中详细讲过，这里不做赘述。

好胜心是推动社会创新进步的原动力，但这也意味着我们需要保持客观的态度去审视它，并在必要的时候把脱缰的好胜心拉回到良性的轨道上。

通透时刻

总觉得自己比他人优越，其实是深深的自卑作祟

"禁不住与他人比较"——如果身边其中一个人变得优秀，你心中就会出现极度的自卑感，非要将对方拉到与自己同级别的地位才肯罢休。反之，便会心生恶念，恶语中伤对方。

生活中有上述经历的人，应该不在少数。而这种"拉人下马"的心理并不仅仅表现在职场。

令人不可思议的是，这些如同洪水猛兽般的"恶毒言语"通常出自往日里曾经是自己倍感亲密、委以信任的人口中。

一言以蔽之，就是因为有很多人不满足于自己的现状，从而对他人产生恶意攻击/攀比心理。

拥有自卑情结的人容易对有能力的身边人产生竞争意识，认为他们"威胁到自己的地位"，因此便会试图诋毁/超过他们。如果这个人足够自信自尊，其实能够在一定程度上避免此类事情的发生。

——整理自《酸葡萄效应》

[日]榎本博明　著

通透笔记

从众

CONFORMITY

随大溜会让人
变得平庸吗

刚进大学的时候，坤坤就听家里的表哥表姐说一定要利用好在大学的时间，加入一个社团，多结识朋友，别每天只知道上课。

入学后，坤坤在各个社团的展位走了一圈，好像也没有自己特别感兴趣的。这时她听到同系另外两位同学在聊天："你也要加入戏剧社吗？""当然啦，戏剧社肯定有很多帅哥！""听说他们门槛还不低呢，要很早去排队……"坤坤对戏剧完全不了解，但感觉戏剧社听起来很有意思的样子，于是早起排队，顺利加入了戏剧社。

进了戏剧社后，坤坤才发现自己不擅长表演，台词能力也不行，连累大家陪她一直重复排练，她挺不好意思的。下一次社友来通知排练时间的时候，她就找借口逃避："我身体不太舒服，这次请个假……"

为了弥补自己表演的不足，更好地融入戏剧社同学的圈子，坤坤就跟着大家看起了各种先锋话剧演出，但她根本看不懂，每次在群里参与讨论，坤坤发完言别人就都不接话了。

一天，坤坤在食堂吃饭时无意间听到戏剧社的两位同学聊天："××剧院那个新话剧你要去看吗？""要叫上坤坤吗？""别了吧，感觉她就跟风凑热闹看一些，也聊不到一起去，好尴尬呀。"

坤坤困惑了："我就是不知道自己喜欢啥，那就跟着大家一块儿'混'，这也不被接受吗？"

正反两面看"从众"

社会心理学关于从众的定义是，由于群体的压力而改变个体自己的行为或信念。我们从正反两面来看"从众"。

从众心态会对我们日常生活中的某些行为产生正向影响，举几个最简单的例子：在大家都正常排队的时候，有道德感的人自然会跟在队尾，不会插队；在一节安静的车厢里，你会不自觉地压低和同伴讲话的声音；在一个学习氛围好的群体里，你会不自觉地跟着好好学习、提高成绩。

相反，一些偏颇甚至伪造的证据也能借助从众心理愚弄我们，最常见的例子就是有一些商家在新店开业的时候会请一些托儿到门口排队，制造一种门庭若市的假象，当你觉得火爆而产生了好奇心跟着去抢时，你就是那待薅的羊毛；一些"洗脑大师"会雇来一些为自己喝彩的假信徒，他们出现的时候总是热热闹闹，甚至还有人声泪俱下地表达崇拜之情，以骗取更多不明所以的人的信任。

消极的从众心态会扼杀个人的独立意识和判断力，束缚思维，使人墨守成规，没有主见，甚至陷入骗局；而积极的从众心态有助于学习他人的智慧和经验，修正自己盲目自信的缺点，完善思考方式，扩大视野。

从众 ≠ 丧失独立思考能力

故事结尾处坤坤困惑的问题其实是不存在的。因为，**人被外界的信息影响几乎是件不可避免的事情。**基本上没有人能够排除社会信息带来的影响，要真的做到纯粹的"众人皆醉我独醒"是很难的。在当代商业社会，广告就是基于这件事而产生的。

罗伯特·B. 西奥迪尼（Robert B. Cialdini）在《影响力》这本书里是这样表述社会认同原则最适用的条件的：

> 当我们不确定怎么做才最好时（不确定感）；当最佳做法的证据来自大量其他人时（从众）；当证据来自跟我们相似的人时（相似性）。

只要生活在某个群体中，个体就一定会受到如广告信息、周边朋友的意见或行为的影响。比如，从古至今，小到随处张贴的宣传海报，大到商场的大屏广告，它们在你身边无处不在；又比如，如果你身边有十个朋友都跟你说你计划去旅游的城市"不好玩，不要去"，你很大的概率是不会去的。除非你不再看新闻，卸载全部社交软件，不接收任何他人的信息，不然一个人是不可能不被外界干扰的。

对多数人来说，从众是一种自我保护和低成本、高效率的决策方式。比如，如果在一个人生地不熟的地方找餐厅吃饭，你是不是一般会选择生意好、评分高、客人比较多的一家？又比如，在电商平台购物的时候，你是不是也相对倾向于买销量高的商品？再比如，很多购物平台、短视频平台都会以"×亿人都在用的……"为品牌slogan（标语）。这些都是因为在无法依赖已有经验来做决策的时候，"大多数人的选择"就代表它是经过很多人检验的，得到令人满意的结果的概率会比较大。

在一些人生选择上也是同样的。现在学生毕业后都倾向于选择行业内的"大厂"，而有些冷门行业几乎没有人去，这背后必然有社会层面的原因。如果你不随大溜，比如不和大家一样一步一步参加实习、校园招聘会，也不是不可以，但可能会绕一些弯路，付出一些代价。这就是为什么"少数派"永远只有那一小部分人——"不走寻常路"很容易走上弯路，成为少数派要付出的代价是很大的。

最重要的是，事情的是非对错，不以你是站在更多人的层面还是更少人的层面而转移。不管你是随大溜还是特立独行，归根到底你要想清楚这个决定是否适合你自己，以及你是否真的接受它。比如，为什么到了年龄，长辈就要催我们结婚，因为他们多年以来接收到的信息就是：一个完整的婚姻是幸福美满人生的必经之路，生儿育女是香火的传递，都是必须去努力完成的事。而当代人，在性别选择上有了更多元化的状态，不婚或者丁克也成了基础选项之一，且在经济越发达的国家和地区这个趋势越明显。共性的选择取代不了个性的独特经历，在完成经济独立之后，人就有了意识，做相对独立的选择。哪怕这个世界上所有人都结婚，你也可以不结婚；所有人都不结婚，你也可以结婚。当你能有一种"别人如何选择都与我无关，我已经想清楚自己是否需要一段婚姻和一段什么样的婚姻"这样的想法时，你自然能找到问题的答案。不管是工作、婚姻还是其他事情的选择，包括"内卷"这个词的出现，也是因为大家基本上都做了同样的事情，你不跟着做就会慌张，会觉得自己是异类。

问题不在于从众，而在于看清自己的真实需求

有坤坤这类困扰的人，基本上不太具备独立思考的能力，她甚至不知道从众之后是对是错。我觉得对于这类朋友，要求他们超越环境形成自己的独立认知是很难的事情。我的建议是，不一定要做一个不从众的人。但是从众最好是经过分析之后，认为这是更适合自己的选择时再行动，这样在从众的时候，你会心安理得，不会觉得自我意识被摧毁，也不会纠结这样做到底对不对。对那些要特立独行，或者是希望自己更清晰地活着的人来说，当你意识到自己和大多数人不一样，而你要去践行这种不一样的时候，是要付出很多勇气和行动的，而且很大概率会受伤。我没有倾向去建议大家要做什么样的人，但是我们要清楚地知道我们是什么状态。所谓自洽，就是找到让自己舒服的状态，以这种方式不纠结地活着。

总结一下，从众不是一件需要以绝对的对或错来定义的事情，有的人就是只有让自己从众才能过好这一生，因为人就像动物一样有模仿的天性，真实的情况是大部分人就是从众，那就从众地活着吧。如果选择不从众的人生，那你就要做好心理准备，你会为了做到真正有个性并且追求独立的人格而承担更多来自外界的压力。

所以，不是每个人都必须有甘冒风险的勇气和魄力，与其反思自己是不是"跟风"了，想着不要被外界干扰，不如想清楚什么样的选择才是让自己真正自在的人生模式。

通透时刻

影响个体从众的因素

实验表明，人们从众的原因主要有两个。

规范影响来自人们希望获得别人的接纳；我们希望得到别人的喜欢。公开反应时从众度较高，这反映了规范影响的力量。其实不光是人类，动物界，甚至整个生物界也有明显的从众特质。和大多数一样更安全，这几乎成为刻在基因里的认知。

信息影响来自他人提供的事实证据。遇到困难的决策任务时从众度也较高，这反映了信息影响的力量，我们希望能正确行事。

——整理自《影响力》

[美]罗伯特·B.西奥迪尼　著

钝感力

DULLNESS

别人的一个眼神，
就会让我陷入自我怀疑

周例会上，听完每位组员的个人汇报，主管开始总结复盘。

"有些同事业绩指标还差一半没有完成，我就不点名了，心里都有点儿数！"

小锋心凉了半截："完了，最近一天下来都是来咨询问题的，也没几个订单成交。唉，主管说的一定是我。"

主管说着说着，眼神似乎瞟过小锋："听见了吗？"

"听见了……"大家齐声回答。

会议结束之后，小锋整个人都不好了，焦虑得饭都吃不下。而同组的婷婷则高高兴兴地招呼大家去吃火锅。小锋问婷婷："主管刚刚都那么说了，你怎么还有心思去吃火锅啊？"婷婷不以为然地说："主管训话嘛，都是这样的，有问题要说，没有问题创造问题也要说。马上'双十一'了，业绩肯定得等大促完成啊，大促前谁来消费啊！"

小锋陷入沉思："是我太玻璃心了吗？"

是玻璃心，还是太过在意外界的反馈

故事里的小锋就属于对外界信息反应过于敏感的人。就好像一个失眠的人，越想睡觉，反而越是把窗外的风声，甚至电器的震鸣声听得分外清楚。经常有朋友向我求助：他们在生活中太过在意别人的反馈，导致工作上做事情瞻前顾后，万一犯错了，更是惶恐不安，很长时间走不出来。

这种所谓的"敏感"，其实是对别人看待他的态度分外在意，总内耗于"他这个动作是不是在表达他不喜欢我？""他刚刚的表情是不是对这件事情不满意？"等，这种敏感通常会让人活得特别累。我其实也是一个非常敏感的人，但我的敏感多用于建立人与人的连接，感受他人的情绪流动，而不是关注"我"，也不是只看别人对我的态度。真正"好"的敏感应该是，你能洞察到对方想表达什么，对方真正需要并在意的事情是什么，什么东西可以令他产生安全感，什么东西可能会让他焦虑，而不是根据一些言语、表情去揣测。也就是说，当敏感的主角是自己时，我们很大概率会产生许多负面情绪；而当敏感的对象是他人时，我们就比较容易共情，展现出高情商。所以我们不要畏惧敏感，而是要调整一下敏感的对象。

我在写这章的时候，做了一个假设性问题，问我两个性格不同的朋友："如果你和你的前男友分手了，现在你结婚了，但是我和你的前男友在一起了，你会介意吗？"

两位都是我很好的朋友，其中一位回答道："我认真共情了一下，感情上不会介意，因为自己结婚了意味着对前任已经没感觉了。但有可能和你的关系会变远，我们之前无话不谈，但之后可能会考虑有些话谈起来会不会尴尬之类的，就是隐约会感觉我们中间隔了另一个人。这主要是因为我的性格比较敏感，会想得比较多。"

另外一个朋友的回复是："不会，哈哈哈，你最近干啥了，是不是干了什么伤天害理的事？"这两位都很敏感，第一位朋友的"敏感"是很细腻地去分析自己的感受，很真诚，但同时也会让人与人的关系有折损，这就需要更大的真诚来让彼此信任。第二位朋友很善于捕捉他人的感受，不太把自己的感受当回事儿，反而好奇心比较重。后面这位女士叫杨笠，当我跟她说完我正在写书时，她说："把我的案例放进去，哈哈哈哈……"

那么，究竟是什么让你陷入了一种"不健康"的敏感？

首先，过分在意他人的态度或评价其实是没有个人边界的表现。

个人边界就是我们靠自己建立起来的身体、情感、精神的界限，用来保护自己不受他人的利用、侵犯和控制的安全领地，也就是我常说的个人底线和原则。什么是可以接受的，什么是不能接受的，当你建立好自己的这套原则时，就能知道别人越过这道边界后该如何应对了。我们控制不了世界的变化，但是我们可以学着掌控自己的情绪、感受反馈，这就是外部世界与内部世界的巨大区别。比如，你的伴侣因为加班，晚上不能陪你吃饭，这个是你不能控制的，你可以选择痛哭一场，伤心地等他回来；也可以选择自己去吃一顿丰盛的晚餐，又或者做好饭、安心地等他回来，这些都是可控的。我们学着掌控自己，就可以在无论遇到什么事情的时候，都能保护好自己的情绪和感受，不会因为别人恶意或者冷淡地对待而自己格外烦恼。

个人边界有四种不同类型的风格：第一种是金刚不坏型，这种类型的人是自我封闭的，很难去信任别人，也缺乏安全感，会给人一种难以靠近的疏离感；第二种是松散绵软型，这类人容易融入他人的边界中，同时也容易被别人影响或控制，不懂得如何拒绝别人；第三种是前两个类型的结合，他们对边界还没有清晰的认识，不确定该把什么纳入边界中，又该将哪些排除在外；第四种是灵活边界型，这是理想中的边界类型，这类人能够自如地掌控个人边界，不会侵犯别人，也不会轻易让人侵犯自己。

其次，高敏感人群通常对自我的肯定没有那么充分，所以很需要通过外部反馈来了解自己是不是做得好、是不是出色、有没有让人舒服。 说白了，就是不自信，把价值感的评价体系放在外部，对自身的关注度有缺失。这是现代人的一种通病，因为我们从小就在一种被比较、被评价的状态里长大——隔壁家谁谁怎么样，你怎么这样；你这样做别人会不高兴的，你这样做别人会失望的；等等。这虽然不是我们自己的意愿，但在这样的声音里成长，就会被迫形成一种思维定式，渐渐变成讨好型人格。（在讨好型人格那一章，我还会重点讲这一点。）小时候，如果我妈妈跟我说别人家的孩子怎么样，我就会跟她说："妈妈，我还是个小孩子，你是我妈妈，又是我的老师，如果你对我不满意，你可以调整一下自己的教育方式，我又不知道该怎么办。"当然，我小时候的口吻肯定没有现在这么理性，但大概就是这个意思。我妈妈常常怀疑是不是把我培养得过于独立了，导致我不听她的话。但确实，从小我就会把这些对我的评价反击回去，别总是觉得我需要像别人一样，其实我并不需要，是你们的期待、你们需要，那么你们需要的事情就不应该由我来解决。我知道，像我这种从小就有独立意识的小孩子是很少的，我的独立意识源于我的教育系统里对我的独立要求，以及我从小真的很爱读书，尤其是史书和一些描述人性的书，帮助我比较早地形成了自己的价值观。有一套书对我影响深远，就是郑渊洁的《童话大王》，在那些看似奇幻的故事里，他植入了太多独立思考的部分，我非常幸运地从小读到了那些书，也读懂了那些文字背后的意义。

我想对那些在生活中觉得自己比较"敏感"的朋友说：

第一，你要知道，别人不是傻子，你真心、礼貌地对待别人，别人是能感知到的，不会因为一些细节或者小过失而苛责你。

第二，希望你了解一下戴维·迈尔斯（David Myers）的《社会心理学》中的两个概念。心理学家研究发现，人们总会直觉地高估别人对自己的关注程度。比如，你明明觉得同学会记得自己参加活动穿的是什么颜色、印着什么字母的衣服，实际上只有很少一部分人会记住。不仅是外形上，情绪上也是一样的，这就是焦点效应。另外，人们会高估自己的社交失误和公众心理疏忽的显著性。如果你无意冒犯了别人，你自己可能非常羞愧，但大部分人是注意不到的，或者说很快就会忘了这一点。

第三，"别人"真的是千变万化的东西，你不可能为千变万化的东西负责。就像你穿一件衣服，五个人喜欢，六个人讨厌，你穿还是不穿？别人的看法是无法衡量的。所以，只有你确定自己真正喜欢，才好做出决定。把反馈看得那么重要，不如把自己的感受放在第一位，这样你可以比较快地做出决定，也比较容易获得快乐。

打造"钝感力防护罩"

钝感力大概可以理解为"迟钝的力量"，这里的"钝感"不是说对所有的事情麻木不仁，而是你的敏感要有边界，给自己加一个"防护罩"，让我们在朝目标前进的时候能够不受外界干扰，对别人的反馈不那么敏感，从容面对生活中的挫折和伤痛，坚定地朝自己的方向前进。

钝感力的核心是——面对你再怎么努力都无法改变的事情，能积极调整心态。

我们在工作中一定会遇到很多再怎么努力也只能如此的状况，比如说你遇到了一个特别善变的老板，他的工作方式在多年前就这样了，那么，当你识别出这点，且发现你没有能力去改变老板的时候，可以改变一下自己的心态。

第一，换一种心态，把不断变化的工作当成一种闯关模式。 虽然老板的善变会让你的工作很难做，但很可能让你多练习了一种解题思路或者方法，获益的还是你自己。

第二，推己及人，放开视野。 想一下，是只有你一个人在遭受这个事情，还是说你周围的同事每个人都一定会被这样对待？当敏感者把自己放在一个风暴中心的位置时，自然会觉得自己很倒霉，甚至全世界只有自己最倒霉，其实，当你想想大家都在经历这样的困难时，心境也就平稳很多了。

第三，跳出圈外，客观看待，调整期望。 思考一下目前面对的这件事，放在职场乃至人生未来的某个节点中是不是必然发生的事情。比如说，读书的时候考试会考不好，这件事情必然发生，因为不管你再怎么努力学习，总有考得好或发挥失常的时候，但这次小考会对你未来几十年的人生产生很大的影响吗？不会的，真正起到决定性作用的只是那一次大考，甚至你即使没有考进一流大学和选到满意的专业，依然可以通过实习、社会实践等方法找到好工作，实现跨越。

高敏感人的一个共性就是对关系和付出有着极高的预期，但往往正是这种过高的预期会给人带来最大的伤害和失望感。所以，面对比较"丧"的事情，要理性客观地分析，合理调整自己的期望。

第四，对嫉妒嘲讽怀感谢之心，被表扬赞美时也不得意忘形。

我有个朋友很有意思，每次被人冷嘲热讽他都特别开心，因为他觉得别人嘲讽他一定是嫉妒他过得好，这就说明别人过得特别不好；而当有人表扬他的时候，他又会把自己被夸的原因记在备忘录里，因为他要时刻告诉自己以后要保持这样做人做事的方法。我建议你也试试他的这个方法。

第五，这只是你漫长的人生中太小的一件事了，小到你不值得为它持续伤心。试想一下，你现在还记得自己小学一年级哭过几次，为什么哭吗？还记得小时候因为同桌的哪一个举动让你特别生气吗？还记得哪次成绩不好内心特别忐忑，担心自己回家被家长批评吗？当你能明白这件让你暂时难过的事情根本不会对你未来的人生产生多大影响，甚至多年以后你根本不会在意它的时候，你自然就能想开了，不再纠结于此。

从这五个维度去考虑一下你所面对的事情，虽然不一定立刻就能有解决办法，但至少失望和难过的情绪会平静不少。这可以称之为职场"保命"秘诀了，因为在职场上有太多我们暂时没办法或者说无力改变的事情，如果你是一个对外界信息或者周遭环境反应很大的人，建议你试试这些方法。

通透时刻

焦点效应 & 透明度错觉

很显然，在我们的心中，自己比其他任何事更关键。通过自我专注的观察，我们可能会高估自己的突出程度。这种焦点效应（spotlight effect）意味着人类往往会把自己看作一切的中心，并且直觉地高估别人对我们的注意度。

············

实际注意到我们的人要比我们认为的少。我们总能敏锐地觉察到自己的情绪，于是就常常出现透明度错觉（illusion of transparency）。我们假设，如果我们意识到自己很快乐，我们的面容就会清楚地表现出这种快乐并且使别人注意到。事实上，我们可能比自己意识到的还要模糊不清。

我们同样会高估自己的社交失误和公众心理疏忽（public mental slips）的明显度。如果我们触按了图书馆的警铃，或者自己是宴会上唯一一个没有为主人准备礼物的客人，我们可能非常苦恼（"大家都以为我是一个怪人"）。但是研究发现，我们所受的折磨，别人不太可能会注意到，还可能很快就会忘记（Savitsky，2001）。其实别人并没有像我们自己那样注意我们。

——摘自《社会心理学》

[美]戴维·迈尔斯　著

共情
EMPATHY

共情并不等于同情

临近年终，小伟和青青一起做部门总结PPT，刚分好工，小伟就临时接到老板的任务，需要他再次修改给甲方客户的营销方案。

小伟找青青诉苦："老板已经第四次打回来让我重新改了，方案根本还没到客户手里。唉，估计最后又跟之前一样，客户其实觉得第一版就挺好。乙方打工人好难啊……"

青青试想，如果自己跟小伟一样连续改了四次方案还没通过，心态应该会非常崩溃，于是主动跟小伟说："部门总结你别管了，你的那部分我一起做了吧，你踏踏实实改老板的方案。"原本可以准点下班的青青，连续两天熬到凌晨三点才把小伟的部分一起做完。

最后，部门年度汇报进行得非常顺利，小伟还获得了部门最佳员工。青青顶着黑眼圈，心里有说不出的苦："为什么共情别人的是我，内耗的也是我呢？"

共情在前，共识在后

在我看来，共情是一种能洞察他人情绪、情感的能力。通常一个人产生共情的时候，往往能够迅速感知到周围人情绪的变化。共情本身没有善恶之分，要看使用者的出发点和动机。现实中有很多骗子也极具共情能力，他们能非常敏锐地捕捉到别人的情绪弱点，然后一边安抚情绪一边隐秘行骗。所以共情是能力，不单纯是善良的表现。

一个人能共情别人肯定是优点，故事里的青青出于对小伟困境的理解想要帮助他，这个出发点没有错，反而是小伟不太懂事，利用了他人无条件的支持，到最后也没有给予公开场合的感谢或是私下表达的回报。

这也是我想强调的，共情绝不意味着要无底线地满足对方的要求。如果你想在理解对方的基础上，付出行动帮助他人，一定要优先管理好自己，因为**共情的核心是一个人要有完善的自我系统，能对自己的情绪、情感、时间、精力做好管理。**不然，当你的能量被极度消耗后，你只能跟溺水的人一起沉溺，或者和故事中的青青一样费力不讨好。所以，共情力能发挥好的重点就在于能快速感知、洞察，并梳理清楚个中情理，同时还能保证自己的情绪不被别人影响。

理解别人是共情，理解别人之后的行动叫共识。有时候光有共情是不够的，那只是单纯的包容心、理解力和对他人的支持，很可能出现共情过度的情况。就像有人在倾听别人不幸遭遇的时候特别容易陷进去，进而对这个人有了补偿心理，产生移情。因为他可能也经历过失去至亲的打击或者类似的被骗事件。但是这种共情是单方面的，甚至是容易被利用的。加上共识就能让我们的支持和帮助更有的放矢。

共识包括对目标的确定和对路径的确认，就是咱们用什么样的方法获得什么样的结果，比如说搭乘什么样的交通工具去往哪个目的地，如果你想坐飞机，对方想搭高铁，你们的目的地是一致的，可节奏不能统一。共情是起因，共识是手段，共同利益是结果。

两个人想达成共识是需要沟通的，也需要建立边界感，比如，青青可以跟小伟说清楚自己可以抽出一两个小时的时间帮助他，那小伟就要找出对应一两个小时内能完成的事情交给青青减轻压力，这样等小伟按时完成总结后，既会真心感谢青青的协助，也不会耽误青青太多的时间。所以，提供帮助前千万别忘记告知对方自己的边界，防止对方不珍惜你的善意，反过来借此冒犯你。

假共情与无效共情只会耗损精力，
对关系也并无助益

在共情这件事情上，我们要有三个认知：

第一个认知是，有一种共情是假共情，或者说就是浅表层面的同情。要做到真正的感同身受太难了，除非你和对方有过类似的经历，或者你通过自身的经历大致推测出相似的感受或情绪。因为人对于那些完全没有经验跟体验的事情真的很难产生共情，你所谓的与之共情其实更可能是一种自我感动。

你不理解对方真正的需求，只是对他的遭遇抱有同情和善意，那种粗略且泛泛的理解，本质上是在证明自己是个好人而已。那些不经思考就脱口而出的安慰——"太可怜了""真痛苦啊""你以后也要好好生活"，没有丝毫的情感，更显得十分廉价。

第二个认知是，真共情能够提供情绪价值。你有过感同身受的情绪体验，或是能理解对方的处境与所思所想，所以能给予对方真正的情绪支持和精神帮助。那种"你的感受我都懂"的微妙感，最能抚慰到受伤的人。

这让我想起一件十年前发生的小事。我有一个非常爱打扮也非常爱买包的朋友，当她成为妈妈以后，就再也不花钱买那些东西了，反而是把所有的钱都用来养小孩，竭尽所能让孩子吃得最好、穿着大牌。有一次，我们一起去国外出差，她看上了一个很漂亮的包包，如果是之前她肯定会毫不犹豫地买了，但这一次她想了很久也没买。最后我买了那个包包送给她，因为我能理解她的感受，当然，我共情的不是她带孩子的感受，而是她还想要打扮自己的那种惯性，我不感动于一个人要为了孩子完全牺牲掉自己的爱好、想法、空间，但是我充分尊重她。我当时还写了一张卡片送给她，希望她在任何时候都要爱自己。后来她跟我讲，那个礼物对她来说非常重要，因为那个包包提醒了她，她除了是孩子的妈妈外，还是自己。

我朋友至今还留着那个包，她说它已经成了自己力量的源泉，每当她觉得被生活困住的时候，总会想起那句话——人要永远爱自己，然后就有勇气也有力量去拒绝掉一些不合理的要求，或者在现有的生活空间中找到更适合自己的生活方式。

其实，我真的只是在那一刻能明白她的感受，想要呵护或者保护她那份发自内心的喜欢而已，根本没想过能给她带去什么影响。但是同理心或共情能力的确能给人带来一些惊喜。

第三个认知是，确认自己有没有能力提供帮助。 我们常说一句话，叫"与人方便，与己方便"，我觉得它的前提是得让自己方便了才能与人方便。如果与人方便会让自己为难，那是没有必要的。

每个人都应该有一套正在运行的人生驾驭系统，而我遵循的原则是先满足自己，把自己该做的事情做好，再在心情愉悦且有余力的情况下支持别人。简单来说，就是要**先有自我，再去共情**。我们不做自私和冷漠的人，但是我也不会提倡每个人都要当英雄。英雄需要通过牺牲自我去成全别人，而大部分人是普通的，普通人首先要做的就是过好自己的日子。

就像如果你看到有人溺水，心里特别着急想要救人，但你根本不会游泳，就算立刻跳下去也帮不了对方，甚至会搭上自己的命。那你当时能做的就是呼救，找那些会游泳的人帮忙，或者找一些工具帮他，而不是自己跳下去。这种行为很莽撞。莽撞而勇敢，却没有价值，那就只是一种无谓的牺牲。没有人可以共情所有人，也不必要求自己共情所有人。

共情能力，也能练习

你有没有陷入过这样的困境：当你和一个朋友接触久了，他说的你不想听，你说的他听不懂，你们好像永远也get（感受）不到对方的点，久而久之你们之间的关系就淡了。面对这种渐行渐远的状态，你们又无能为力？

再试想一个家长和孩子交流的场景。孩子哭闹着想让在忙自己紧急的事情的家长陪他玩，一般跟孩子关系比较僵硬的家长就会用命令的语气回答："你别哭了，我明天陪你玩行吗？"很多孩子听到类似的话就会感觉受委屈，觉得父母不爱自己了。其中很大的问题就是家长没有跟孩子共情。

有些朋友觉得自己"情商低"，不会与人交往，其实可能只是你缺乏一些共情力。在本章的结尾，提供几个锻炼共情能力的方法给你。

第一，观察。不要对现状发表任何评价，也不要急于给出意见。试着进入对方的世界，倾听他所说的事，从他的声调、语气、肢体动作感受他的情绪，探究影响他情绪的原因，以及他想要的究竟是什么。

第二，接受。不管对方传达给你的是正面的还是负面的东西，先不要急于去否定或者肯定，也不要做价值判断，只需要把自己当成一个安全又靠谱的树洞就好，让对方知道他是被理解、被关心、被接纳的。

第三，换位思考。 从对方的角度为他的行为寻找合理性。

第四，传递，表达尊重。 不是把自己的观点强加在对方身上，而是让他知道他所有的情绪都是能被理解、被看见的。这时你可以用肢体语言，比如给一个拥抱、给他一杯水，或者其他你能想到的任何方式暗示他——"我理解你的感受"，并用平和的心态表达自己的态度。

通透时刻

留个小作业，上文提到的家长和孩子对话的场景，是否有更好的对话方式呢？

扫描本书封底二维码关注"壹起天真"公众号，在消息栏发送"共情"，你会收到我的建议，也欢迎分享你的答案。

嫉妒

ENVY

希望朋友好，又不希望他比我好，如何直视这种嫉妒

苏苏和晓萌从初中开始就读同一所学校，工作也进了同一家公司。

在学校的时候，苏苏成绩比较好，晓萌处于中游，有时候需要借苏苏的笔记，考试才能勉强过关。工作之后，晓萌性格好、人缘好，在工作上非常吃得开；苏苏性格内向，不喜欢和同事来往，在公司默默无闻。一年过去了，晓萌升了项目小组长，苏苏还是普通职员。苏苏看着晓萌有了很多新朋友，收入渐长之后打扮也越来越时髦，竟然渐渐有些想远离她。晓萌倒是一如既往地找苏苏玩。

一天，晓萌高中暗恋的男生忽然联络苏苏，向她打听晓萌的近况。苏苏知道晓萌一直很喜欢这个男生，只是后来毕业了没再联系，但她想起晓萌光鲜亮丽的样子，忽然鬼使神差地说，晓萌好像有男朋友了。男生听罢也没再找她。

事后，晓萌对苏苏一如既往地好，苏苏的内心则有些不安，并开始后悔，也不停地责问自己，怎么会做出阻拦朋友幸福的事情呢？难道这就是嫉妒？

嫉妒源于竞争

苏苏出于嫉妒之心而做出的行为，根本原因是接受不了曾经学生时期不如自己的人居然超过了自己，这比对方一直优秀更令人难堪。因而，她失去了一颗正视自己的平常心，也抛弃了朋友之间最该做到的坦诚相待。或许晓萌毕业后心态发生变化，早就不喜欢那个男生了，但未来如果被晓萌知道真相，苏苏可能会面临失去一个好朋友的境遇。

我们先来了解一下什么是嫉妒。从人类学角度而言，人跟所有物种一样，都面临着优胜劣汰的竞争压力，所以**因为竞争而产生的嫉妒是一种常见的生存本能**，就连猫猫狗狗也会产生嫉妒心。举个简单的例子，你家原本养了一只猫，后来又收养了一只新猫，最开始的时候，你可能很关注那只新猫的状态，担心它是不是适应新环境，等等，但如果"原住猫"感受到了这种区别对待，很可能会攻击新猫或主人。这是正常的动物本性，因为"原住猫"有了危机感，它在嫉妒新猫，也在用自己的方式守护领地。但人跟动物不同的地方是，当我们产生这种心理的时候，可以找到适合自己的方式消减它们。其实动物在相处了一阵子之后，发现对方不是敌人，也能相互接纳。

就像一个多娃家庭里面，对于后出生的小娃，大娃们刚开始都是不接受的，觉得原本属于自己的关注不完整了，甚至爸爸妈妈更关注那个年纪小的孩子，不再关注自己，于是产生失落情绪甚至攻击比自己小的孩子。但是随着年龄的增长和相处下来的真实情感互动，亲情产生，他们之间的大多数会成为最亲密的兄弟姐妹。

如果你会算账，就能看出**嫉妒是一件非常不划算的事，是典型的低收益高风险**。一个深陷嫉妒的成年人，很可能对事情失去最基本的判断能力，然后行为扭曲，去攻击、诋毁他人，最终引火上身，不仅会被嘲讽人品奇差，还会被别人诟病做人的底线过低。除了自己心里好像解气了，其他方面没有一丁点儿收益，完全得不偿失。

可是为什么还有很多人控制不住自己的心态呢？我觉得可能是那些在嫉妒中迷失自我的人，聪明反被聪明误，把这笔账算错了。他们感觉只要把对方弄得身败名裂，或者把对方按在地上摩擦，就赢了、值了、爽了，好像做了一件低投入高回报的事情，实际上完全不是那回事儿。伤害他人根本爽不了，或者那个爽感十分短暂，根本留不下什么有用的情绪反馈，反而要承担严重的后果。

真正聪明的人都知道，一个人的优秀不会因为他存在某些问题就变得不再优秀。哪怕你花了很多时间，消耗了无数能量去伤害他，也不会达到你想要的结果，因为你的攻击约等于无效攻击。而且它也在反向说明你的挣扎、你的徒劳无功恰恰是因为你没有其他办法了，只能利用伤害他人的方式来发泄自己的无能和不满。恶意竞争的本质就是无底线地内卷，你把时间精力花在了消耗别人身上，能用在自己身上的时间就少了，即便能做到让别人有损失，自己又何尝不是没有进步，甚至还退步了呢？嫉妒如果付诸行动，结果就是得不偿失。

那么，嫉妒的本质到底是什么呢？了解它，可能更有助于你与自己和解。

嫉妒的前提是你对"假想敌"的认同和羡慕

很多人在生活中总是不由自主地跟他人比较，当他们发现自己的容貌、智力、发展、境遇等方面不如别人时，很容易产生一种复杂的心理状态，其中包括焦虑、悲哀、羞愧、愤怒、怨恨、敌意、自卑等成分，这些成分相互杂糅、浸染，最终变成了嫉妒。

嫉妒源于认同与羡慕，首先你要意识到的是，人会产生嫉妒，是因为在你在意的地方别人比你更好。比如，你最喜欢的人不喜欢你，却在追求别人，那你肯定会嫉妒这个人。这就是因为在你在意的事情上，对方有，你没有，或者对方比你更好，与此同时你又因为自己的目标设置过高、对自己评价过低，而产生了自卑。要是一个你完全看不上的人追求这个人，你不仅不会嫉妒，甚至还会庆幸他没看上你，没给你带来麻烦。

阿尔弗雷德·阿德勒（Afred Adler）在《洞察人性》中有一段对嫉妒的解读：

> 个体与他过高的目标之间的鸿沟以自卑情结的形式展现出来。……他开始花时间权衡别人的成功，一直在研究别人对他的看法或者别人的成就。……所谓感到被忽视的各种表现，不过是这些心理的指标：一种得不到满足的虚荣心，一种想比周围人拥有得更多的欲望，或者说，想要拥有一切的欲望。

另外，有研究表明，**人更容易嫉妒跟自己有真实接触的人**，比如兄弟姐妹、同学、朋友或者有竞争关系的同事等。虽然你觉得很多女艺人很漂亮、男艺人很帅，但你很少嫉妒他们，究其原因，就是所处圈子不同的人之间没有相关资源可以竞争，而处在同一圈子的两个人本身就具有相似性和可比较性，再加上要竞争相同的资源，自然在无形中增加了敌意。

嫉妒的本质是你主观觉得"这不公平"

其实，隐藏在嫉妒背后的，是一种不公平感。人们会默认和自己差不多的人理应跟自己得到的也差不多。当内心的平衡被打破时，你就会觉得"凭什么是他啊！我也可以，只是他更幸运而已"。但这只是你的主观看法，你并没有看到对方在背后付出的努力或代价。

别让嫉妒压制住你

当你在生活、工作中意识到了自己在嫉妒某人，并且非常讨厌这种状态时，可以通过一些方法消减和弱化它们，**第一种是转移注意力，第二种是增加你在意的地方。**

举个例子。小C最近喜欢上了一个男生，但这个男生喜欢另一个女生小D，小C知道后就有些嫉妒小D，特别想了解对方的性格、长相、穿衣打扮风格、工作等，她甚至在各个社交媒体搜索小D，试图找出男生喜欢小D的原因。后来小C得出的结论是小D在外形上比自己好看，而且很好看，她反而不难受了，因为长相是天生的，她就是比不过。她盘算了一下自己去健身、整容的成本，发现这样做很大概率自己并不开心，而她喜欢的男生确实又只在意这一点，为了一个不喜欢自己而又那么在意外形的男生去做外形的改变好像很不值得。小C是一个特别爱运动的人，尤其喜欢户外运动，所以虽然肤色偏小麦色，但并不瘦弱，反而很健美，这一点得到了很多人的赞美。她意识到每个人在意的东西不同，就像找工作一样，你英语很好但非要去做西班牙语翻译，也是做不好工作的，于是就放平了心态。在另一个点上不比对方差，反而比对方好，这样就能消解之前产生的嫉妒情绪了。

从某些特定的角度分析，适度的嫉妒能促进良性竞争，但更多的时候会害人害己。小C对小D的嫉妒并不能帮助她获得爱情，反而有可能变成一场无人在意的独角戏。喜欢一个人的正确方式是勇敢追求，而不是其他上不得台面的旁门左道。

有时候嫉妒会走向一种偏执，如果你没有找到其他东西分散或平衡注意力，再遇到一个特别爱拱火的人，总是拿这一点跟你比较，那你一定会陷入这个死循环里，结局可想而知。如果你没有直观的感受，不妨回想一下《白雪公主》里的继母，她就是被妒火拉入深渊的典型，一心想着"谁是这个世界上最美丽的人"这件事，无比嫉妒白雪公主的美貌，任由事态蔓延，以致从在意变成偏执，最终失去了人类该有的理智和本性。

假如，我是说假如，你真的没有一个方面能优于对方，**不妨转换一种心态，把嫉妒变成钦佩或尊敬。**当一个人产生嫉妒心的时候，总会忍不住反问，为什么是他不是我？如果你真的确信对方比你强、比你好的时候，你可以想办法转换成另外一种心态——"我也可以努力变得像他一样"，毕竟连加菲猫都知道"如果你不能击败你的敌人，那么就加入他们"。人也一样，我们可以把嫉妒的对象当成榜样，先学习他，再超越他。把嫉妒变成一种动力燃料，努力让自己变得像对方一样优秀，这也是缓解嫉妒情绪的方法。

人有爱，动物也有；人有嫉妒之心，动物也有。所以，不要畏惧我们身上的"动物性"。但人与动物有一个关键的区别，在于人会思考，人有社会性。思考让人类有了学习能力，能够不断地进行自我修正；社会性让人类有了道德规范，不断地完善着社会的运行机制。人不能脱离于社会独立存在，我们长久的成长之路，就是在这样一个必然和其他人发生联系的社会关系中，保持自我的独立，同时尊重社会属性，成为一个健康积极的社会人。

偏心偏爱

FAVOR

明明我做得比他好，
为什么他们偏爱他

"妈，妹妹把我的笔抢走摔坏了，她还不跟我道歉！"

"你不是有那么多支笔吗？也不差这一支，乖啦！"妈妈总是习惯性地偏袒更小一点儿的孩子。

"你怎么这么偏向她！"阿红本身就因为自己的笔被妹妹弄坏而窝了一肚子火，被妈妈这么一说，更委屈了。

"妹妹还小，也不懂事，你是姐姐，让着点儿她嘛。"

阿红从小到大听到"让着妹妹"这话心里就有抵触，因为父母的习惯性偏袒，阿红偶尔对妹妹也有些反感。

阿红工作以后，父母退休了，租了一个小花园，自己种点儿蔬菜。有次爸爸拿了一些自己种的菜给妹妹，妹妹还发了朋友圈炫耀：

"爸爸自己种的菜，真香！"

阿红看见妹妹发的朋友圈，心里酸酸的，也不是说有多想吃，只是觉得父母根本没有想到自己。

为什么一涉及妹妹，他们就偏心？

***

因为一个项目上的分歧，小锋和市场部元老级员工白总监发生了争执。

小锋在自己负责的项目上有专业性判断："白总，我觉得这个方案有问题，很难中标。我参考了今年一些新项目的数据反馈，又优化了一版，您看看。"

白总监虽然不内行，却很坚持："我干了这么多年，吃过的盐比你吃过的饭都多，还轮得到你教我怎么干活儿吗？"

最后白总监坚持的方案果然流标了。老板问项目负责人小锋原因，小锋只能实话实说："白总监有他的坚持，我只能配合，但方案真的有点儿问题。"

老板却说："老白干这一行都多少年了，这点儿把握还是有的，一次流标也未必就是方案的问题，要多从你自己身上找原因。"

小锋觉得老板太过偏袒白总监，甚至不惜牺牲公司利益，行业的发展日新月异，在一个行业待得久，做出的判断就一定是对的吗？

原生家庭中的偏心：
父母难以改变，那就积极调整自我感受

我认识一位女演员，人很漂亮，事业也很成功，但是她极度不自信。我很不理解，这么优秀的女性，为什么会不自信？后来从聊天中得知：她家里还有一个哥哥，她哥哥从小学习成绩就很好，长得也很出众，以至于家人关注的焦点从来都不在她身上，周围的人从小对她的评价就是什么都不如哥哥，让她多向哥哥学习。这段经

历让她产生了底层自卑，即便后面事业再成功，她骨子里也很难自我认可，一定要周围的人不断肯定和赞美她。

面对父母偏心这样的成长环境，解决自我成长完整性的问题难度是极大的。因为父母与子女之间存在天然的联结——尤其对仍处于孩童时期的非独生子女家庭的小朋友来讲，在成长过程中几乎无力改变父母偏心的行为，而如果孩子个性偏内向，不善表达，长期压抑情绪，最终很可能导致一些心理问题。成长过程中，孩子如果得不到外力的帮助，单纯靠自己的理性思考，调整的空间并不大。但是作为独立个体，我们如果发现了自身的问题和产生问题的根源，还是要努力地为自己争取解决方案。

第一，找到平衡感受的天平，找到那些更认可自己的人。

我有一对双胞胎兄弟的朋友，他们的妈妈身体不太好，父母只能带一个孩子，所以就把哥哥带在身边；弟弟跟外公外婆长大。因为从小没跟父母一起生活，在很多场合妈妈对哥哥不经意的偏心对待，都会让弟弟感到委屈，觉得自己没有受到重视。客观来说，哥哥是妈妈亲手带大的，两人关系更亲近也是人之常情。这时候，他爸爸意识到了这个问题，就会刻意表现出一些对他的偏爱。他感受到虽然妈妈更宠爱哥哥，但是爸爸更爱他，就获得了平衡。如果你运气不好，在父母两人都无法意识到这个问题时，你也可以想想其他亲人和周遭的其他关系：外公外婆、姑姑舅舅，甚至学校的老师和同学……总有那个在表现上更喜欢你的人！这个世界爱的来源不只有父母家人，还有朋友和爱人，他们也能给予你一些爱的能量，而情感的遗憾是我们靠自己的努力无法获得的，慢慢地，我们都会长大，都会学会不纠结于此。这个过程可能很漫长，如果你是在这个过程中，恰好读到了我这本书，我想跟你说，有些偏心真的不是故意的，是机缘巧合的设置，我们只是没有那么幸运地成为被眷顾的人，但是被偏爱后的有恃无恐也不是什么好事情，有时候反而不被偏爱的那个人会因为自己的努力得到更多。

第二，面对父母的偏心，真实地说出自己的感受。

父母偏心的行为确实存在，但他们自己却很难意识到。如果觉得委屈，就要学会呐喊，学会要求，学会告诉父母自己感受到了不公平和偏心，这样做就是要让他们意识到自己无意识的偏心行为。父母虽然偏心，但绝对不是不爱你。只要能让他们意识到问题所在，深入了解这种偏心行为背后的原因，尽管他们没办法一下就调整过来，但潜移默化，他们慢慢地会重视起来。

人性是复杂的，假设你养了三只猫，你很爱它们，但如果有人问你，你最喜欢哪只？总有人会偏爱，三只猫中有爱的和更爱的。有的是因为陪伴的时间更长，有的是因为和它的经历最特殊，有的就是性格、脾气、样貌更讨你喜欢。偏心是人的一种本能，每个人都会有更对脾气的人、更喜欢的东西，我们也不用非要强求做那个唯一受宠或者特别受宠的人。当然，如果你是那个人，那么恭喜你，你非常幸运；但如果你不是那个人，对你的人生也没有什么影响，这至多是一种感受性的体验。

正视职场中的偏爱：
不必过分讨好，也不必瞎操心

第二个故事中所提到的偏爱问题，和第一个故事相比，其实更好解决。

每个老板都会有自己的偏爱和喜好，只要这个偏好不落实在一些竞争性（非公平性）的行动上面，就是一件很正常的事情。

我也是老板，有喜欢的同事、不太喜欢的同事，有比较聊得来的人以及更愿意相处的人。比如：有的员工见到我就会紧张，做事战战兢兢，这样相处下来，我的压力会很大，跟他相处就公事公办。在日常相处中，有的人聊得来就会多聊天。但是作为领导，一定要注意两点：第一，避免让你的同事感受到你与谁特别亲近，这样可能会让这个同事格外受到"关注"，甚至还会被嫉妒；第二，在绩效考核上，要客观、理性，不要因为个人的喜好而去改变整个规则。

但作为员工来讲，**首先，要认清职场关系并没有多深的亲密程度。**

如果这段关系属于亲密关系的范畴，那一定要跟对方进行交流，将自己心中的困惑和感受讲出来；如果只是泛泛之交，那就不用太在意，也不用因此特意去迎合老板。职场就是这样，把这段关系看淡一点儿，只要不降低自己对工作的要求，圆满完成分内的事就好。我们为什么需要老板的"偏心"？无非是希望自己是那个受到优待的人，希望老板把最好的资源给自己，最多的机会给自己。或者你觉得老板亲近你，就能学到最多的东西。当然，老板作为拥有公司资源分配权的人，他的重视肯定是加分项，但绝非必需项。工作的过程，其实是接受任务后，借由公司这个平台，为自己累积工作经验、训练工作能力，最终实现能力变现的过程。我建议过很多次，在职场上，我们要重视目标，重视价值排序，而非"关系"。人只有真正把注意力从"关系"上转移到"目标"上，才能实现自我成长的进化。

其次，对公司的工作环境要有理性判断。

第二个故事里涉及创始员工的问题。相对来说，公司老员工的观念或者想法并没有那么与时俱进，跟年轻人、新员工有观念上的冲撞很正常。但在这个故事里，老员工的做法其实是不对的。因为新员工也许会带来很多新的东西、效率更高的工作方式或者一些极具创意的方案。老板如此处理问题的话，未来新人很可能会碍于老板之前对于老员工的偏袒而害怕这个事情，不知道该怎么处理类似的问题。

而作为新员工，还是需要对公司的工作环境有个理性客观的判断。如果这个公司是公平开放式的环境，自然你说什么老板都觉得无所谓；但如果公司有明显的派系或情绪倾向，你有再好的想法和建议都没用。这个故事里的小锋对公司环境就没有一个基本判断，本想告状，结果踩了雷。

最后，不操那份老板该操的心，弱化自己的主人翁精神。

我们在职场上，大部分时候都被教育"要有主人翁精神"，要把公司当作自己的家，把工作当成自己的事业。说句实话，我认为大可不必。公司发展得好不好，是老板的任务，员工只需要关注自己的任务和成长路径即可。如果这件事情影响到了工作进度，那正常地该向谁汇报就向谁汇报。你把你该尽的力尽到了，不该你操的心也不必去操，因为你操心解决不了问题，难受的也是自己。完美的情况就是每个人关注自己的任务，完成好，当然，在现实生活中做不到。我们可以假设，如果自己在更高的工作岗位上怎么做更好，作为一种对自己思考的训练，但是在实操中，我反而建议专注于眼前任务。

我在录制《跃上高阶职场》节目的时候有个故事，挺有意思，跟大家分享一下。

一家广告公司需要在短时间内替客户完成广告拍摄，但他们请的导演团队却不认同广告公司的拍摄想法，双方僵持不下。结果，有个员工直接跑到客户那儿去告状，跟客户表达了他觉得广告公司提出的创意并不可行，结果最后弄得大家都很尴尬。

我们当时在现场就讨论了一个越级问题。这件事的本质就是公司的普通员工需不需要操不该自己操的心的问题。我们常常被教育要有主人翁精神，要把公司当自己家，这种说法就是老板为了让你多付出而给你洗脑的。如果你真的是公司的主人，那公司怎么发展，你说了算吗？员工各司其职就可以了，每个人把自己的岗位做好。因为公司发展的好、坏，都与你无关，自有老板做掌舵人。公司要是不行，甚至倒闭了，你作为基层员工也没有能力力挽狂澜。谁适合什么岗位老板自有判断；作为员工，你只需要考虑公司给你的工作任务自己是否能完成。如果你觉得公司的环境影响你完成工作任务，那你可以尝试去找找其他路径，看看"曲线救国"能不能解决。但如果你并未找到有效的解决方式，而你又很焦虑，那只能说明这家公司不适合你。

作为个人，你可以选择适合自己的工作环境，但是改变工作环境并不是你该承担的责任，你也做不到。

为什么会从"偏心"这个话题谈到越级呢？因为在本质上，我们都希望无论情感分配还是工作需求，都是公平、公正、公开的。这是我们从小受到的教育，也是我们每个人内心的期待。当我们有"越级"的举动时，常常是因为委屈，感受到了不公平的对待。我当然倡导公平，但同时我们要认清，不公平的存在，是一种常态，大多数时候我们无法解决不公平这件事，我们要解决的是当这件事发生在我们身上时，我们该以什么样的心态和行动来应对。

通透笔记

宽容
FORGIVENESS

你以为的宽容，
实际上可能是纵容

电影已经开场了，整个放映厅里一片漆黑，青青为了让迟到的观众入座，只能把两条腿都蜷起来。而那个迟到的人刚坐下没多久，就跟青青说："不好意思，我出去接个电话。"

青青只能又把腿蜷起来，让邻座观众出去。过了没多久，他回来了，青青又重复一遍动作，给他让位置。

过了一会儿，邻座观众又开始接电话："我还要出去一趟。"

青青怕影响其他人看电影，只能忍了。

电影放映过半，邻座观众又在座位上跟他的朋友讨论起剧情，声音也并没压低，严重影响了其他人的观影体验。

坐在他前排的观众不乐意了："能有点儿素质、说话小声点儿吗？让不让别人看电影了？"

邻座观众自知理亏，默不作声。

一场电影下来，青青郁闷得不行，散场后和闺密吐槽，闺密笑她："你也太能忍了吧？"青青生气地想："我对别人宽容，为什么别人不能对我体谅？"

警惕无底线的宽容

在电影院不大声喧哗、不影响他人的观影体验是一个正常的成年人应该具备的基本公德，青青在面对不文明行为时对犯错者看似宽容，实则是纵容，表面上看似多一事不如少一事，忍气吞声，实则自己的愤怒无处消解，火气全积压在心里了。

我并不觉得愤怒或者其他任何负面情绪是一定要被压抑的。你只要能做到自知——我的愤怒值、委屈值到达了一个什么标准？我能多大程度地承担把这些情绪发泄出来的后果？考虑过这些之后，你决定"今天我就想任性一下，老娘今天就是要跟你干一架"，也不是不行。这里其实是要做一个决策的——我要怎么处理我的情绪，是顺着情绪走，还是控制它？

每个人都不可能脱离外部环境而活，总需要面对或处理无数复杂的人际关系和社交场合，想要泰然处之，必然少不了容人之量、宽己之心。但我们**释放宽容信号的前提是对方值得这份尊重。**

宽容的智慧

当然，每个人都可能遇到那种无法人为控制的、需要旁人理解的突发状况。

我记得有次出差，机长通知飞机进入降落阶段，有个小孩想去卫生间大便，但因为飞行规定，卫生间已经关闭了，空乘坚决不同意小孩去卫生间，因为她也坐在座椅上系着安全带，所以只能喊，这下子整个机舱都注意到了这个情况。小孩年纪比较小，实在憋不住，家长没办法，就拿了几张报纸铺在头等舱的走道上，让孩子就地解决。我当时虽然感觉非常无奈，但我相信那位家长应该更"社死"，而且我设想了一下，如果我是这位家长，遇到这样的窘境时是否能想到更好的办法？答案是没有。

我知道孩子的父母一定非常尴尬，现场所有人也会感觉很不舒服，可是没有人去责怪他们。我记得很清楚，当他安抚好孩子，收拾干净地上的报纸后，对着空气说了一句"对不起"。那声对不起没有具体的诉说对象，但所有听到的人都能感知到他的歉意和尴尬。这种情况下，飞机上全体乘客都是宽容的，还会有人轻声安慰他一句"没事，别在意"。我们理解他的心情，更不愿再多去苛责什么。而且，这种时刻的宽容，也体现着一个人的涵养、心性和处世的经验。

美国心理学之父威廉·詹姆斯（William James）有一句经典语录："智慧的艺术就是懂得该宽容什么的艺术。"适当的、智慧的宽容可以帮我们更好地与人交往，避免很多矛盾和误解；也能压制那些斤斤计较、心胸狭隘的人，哪怕那些人能在一些事情上占得一些便宜，可那些便宜也只是一时一刻而已。斤斤计较的人的路会越走越窄，有容人之量的人反而能越走越远、越过越好。

从社会与宗教层面来看，因为信仰、道德、风俗等各方面的不同，人类形成了不同的利益群体，每个群体都尽可能地抵御来自外界或是其他群体的影响，以确保自身的思想不受浊污、不被侵蚀。这种**担心自我意志消失的恐惧就是所有不宽容的原因。**

这里不得不提一本让我更理解世界的书《宽容》，作者是亨德里克·威廉·房龙（Hendrik Willem Van Loon），这部作品我反复读过多次。书中的"宽容"指的就是思想上的宽容——当一个人、一个群体能允许跟自己想法完全不一致甚至对立的思想的存在，才是真正意义的宽容，"自己活，也让别人活"。这本书的序言出现在我的中学课本上，可以说在我的认知层面上打开了一个新的维度，帮十几岁的我理解了什么叫作尊重那些与你想法不一致的人的存在。

生活中真正宽容的人，都拥有足够的胸襟和气量，他们不会陷入得失与利弊的旋涡，计算自己那点儿小心思，反而是在与人方便的同时做到了与己方便。在处理复杂关系和事务的时候，能够迅速找到"共赢"的方法，不委屈自己，不亏待别人。说得浪漫一点儿，就像莎士比亚（William Shakespeare）曾在《威尼斯商人》中说的："宽容就像天上的细雨滋润着大地。它赐福于宽容的人，也赐福于被宽容的人。"

宽容，从来都不是纵容

与宽容常常被捆绑在一起谈的是纵容，这两者有明显的区别。

就如前面所说，我认为宽容是对非主观意识所造成影响的包容，我们可以接受一个人有失误、有意外、有状态不好的时候，并对此表示理解。但纵容是明知道这个人有恶习、有不对的地方，而且是源于这个人的主观意愿，却仍然选择溺爱、原谅和放纵，从不帮助对方改变，更不会表达抗议。

换句话说，**宽容是你允许别人犯错，纵容是你一而再再而三地接受别人犯错。**

我在公司作为老板，只要不涉及底层价值观的问题，我允许和接受员工犯任何错误。不管这个错误有多大我都能接受，然后跟他复盘出现错误的原因。

其实每个人都会犯错，犯错也没有想象中那么可怕，更重要的是想清楚自己为什么会犯错，以及如何保证自己不会再犯类似的错误。每个人都有个性和独特性，这当然会表现在工作风格、工作方法中，团队之间协作、打配合的时候总需要磨合、适应，中间某个人犯错误再自然不过。

企业和领导容许员工犯错，可以让他们学会吸取教训，在工作中成长，否则很容易让人感觉工作环境压抑，或者无人敢于创新。当然，宽容也是有限度的。所以我会提醒这个犯错的员工，相同的错误不可以犯第二次。如果有第二次的话，我一定会按照应有的惩罚尺度去执行，该扣钱扣钱，该开除开除。

不管是像我一样设置次数限制，还是对其他错误等级的限制，都是在制定标准，因为一味包容犯错就是在纵容员工失去警惕心和专业度，逐渐让制度形同虚设，规则也变得名存实亡，组织将滑向危险的深渊。

在任何场景下，不仅要自己不纵容别人，更要注意别纵容自己。人很容易给自己找借口，或者总能轻易地说服自己，有些时候就会放纵自己去做一些错事。可能周围没有人敢于直接批评或者提出反对意见，甚至感觉那样没事，也不会造成什么严重的后果，然后继续理所当然地放纵下去，直到未来的某一天事态失控，进入无可挽回的境地。

活到现在，我认为人与人之间的关系是可被教育和可被理解的，但自身要拥有自省意识，要有宽容的底线，并且绝不在任何人和事上纵容。

通透笔记

贪婪

GREEDY

"见好就收"，说起来容易，做起来好难

　　小龙的亲戚最近炒股赚了钱，买了辆豪车，在家庭聚餐时一直炫耀。

　　小龙动了心，开始研究怎么炒股，没过多久，果然小赚一笔。

　　有了这次的甜头，小龙每天从上班到下班都在关注股市，做足了功课，又赚了一笔钱。

　　这两次赚的钱，比他平时认认真真工作一年得到的都多，这让小龙非常得意。

　　亲戚在这时见好就收，用炒股赚的钱开了个小店，老老实实经营生意。

　　小龙却觉得亲戚胆小，格局不够，炒股来钱快又轻松，没有收手的道理。他开始"加杠杆"，继续买更好的股票，结果这次买入后连续三天跌停，赚的钱全都赔进去了。

　　马上要到还房贷的日期了，为了应急，小龙只能含恨抛出股票，亏了一大笔。

　　他悔不当初："早知道这样，当初小赚一笔的时候就该收手！"

　　等到年底，公司发了年终奖，小龙又开始蠢蠢欲动。

　　"听说最近新能源板块利好，"小龙心想，"这次要是赚了，明年就能躺平了！"

人为什么总是"既要……又要……还要……"

相对于精神层面的贪婪，大家更多提及的是物质层面的贪婪，即一个人对财物拥有非同寻常的欲望，贪得无厌，不知满足。故事里的小龙在亏钱后不知反思，在手有余钱时又想要借炒股赚一笔快钱。首先，这是一种赌徒心理，赢了想继续赢下去，输了就想把输掉的赢回来，没有控制好自己对金钱的渴望；其次，小龙并没有细致地研究各家企业的财报、变动，只粗浅地看到某个行业的表面优势或是一时涨跌，这就属于过度追求超出自己能力范围的东西，"把运气当成了能力"，很容易自酿苦酒。

无数人研究过人类的贪婪行为，自然知道贪婪的害处，甚至把它与傲慢、嫉妒、暴怒、懒惰、暴食、色欲并列为"七宗罪"。可是，贪婪又的确能让人的欲望得到满足，让人感觉到短暂的快乐。

拿我自己来说，我是个很喜欢购物的人，经常因为打折买一堆很可能用不到的东西，但在消费的那一刻又觉得，此时不囤货，亏的就是我。直到我最近搬家整理物品的时候发现，这些没用的东西，单独去看都很好，怎么处理都很可惜，但它们对我来说的确没有价值，还占据了很大部分的储物空间。在那一刻，我才下定决心要告别"打折诱惑"（其实也不确定自己能做到），管控自己只买真正有用的物品。

同理，我们在直播购物这个场景中会更容易消费，因为直播间主播的引导话术、抢购机制都临时创造了看似必需的购物需求。**贪小便宜也好，冲动购物也罢，其实都是希望自身利益最大化、绝对不让自己吃亏的表现。**

分析完在投资、消费这类场景中会出现贪婪心态的原因，我们再来看看贪婪的本质。

贪婪有两个本质特征：一是失去底线，二是超过限度。那些总是失去底线的人，是缺失德行；那些常常超过限度的人，是不懂得节制。缺德和无度，最终会让人自食恶果。有一句众所周知的名言，此处我再引用一下，出自斯蒂芬·茨威格（Stefan Zweig）的《断头王后》，是提及玛丽·安托瓦内特（Marie Antoinette）早年奢侈的生活习惯时写的那句话：

> 她那时候还太年轻，不知道所有命运馈赠的礼物，早已在暗中标好了价格。

电影《华尔街之狼》是根据华尔街股票经纪人乔丹·贝尔福特（Jordan Belfort）的自传改编的，贝尔福特有过3分钟内赚到1200万美元、31岁时拥有亿万家产的赚钱本事，但这绝非一部励志电影，反而漫溢着很多与欲望、贪婪有关的人性桎梏。

作为证券经纪人的贝尔福特不在乎底线，只在乎如何赚更多的钱。他的公司以电话进行股票买卖，经常使用非法手段买空卖空来欺骗投资者。他训练年轻雇员时，有一段毫不遮掩内心贪欲的宣讲：

> 看见那个黑色的盒子了吗？这东西叫电话！我来告诉你们一件事情：这世上，做穷人不光彩。我富过，也穷过，但我每一次都会选择做富人，因为至少有钱的时候我就算面临困难也是坐在豪车后座，穿着2000美元的西装，戴着14000美元的金表！如果有人觉得我肤浅或者崇尚物质，那就去快餐店找工作吧，因为那才是属于你的地方！好了，听我说！你付不起信用卡账单了吗？

你房东要把你扫地出门了吗？你女朋友觉得你是个废物吗？太好了！拿起电话开始拨！你们今天唯一需要做的就是拿起那台电话，然后说出我教你们说的话，我保证你们会比这个国家所有的CEO（首席执行官）还要富有！我的座右铭是：除非顾客答应投资，或是顾客死了，否则就不要挂断电话！

想要赚钱的普通人就是他们的目标，无所不用其极地推销，虚假承诺，然后骗取一位又一位投资人的信任。而那些投资者内心的贪念也被这样的游说成功鼓动，那句"必定能赚大钱"就像是摄人心魄的魔咒，让他们乖乖掏钱。而真相是，这些没有底线的证券经纪人，会人为地推高股价，迅速抛售，赚取差额，还不忘收取佣金。投资人血本无归，他们却赚得盆满钵满。

当然，贝尔福特也付出了应有的代价，他因为欺诈被捕，锒铛入狱，法院没收了他的财产，并勒令他偿还受害的投资者们高达一亿多美元的钱财。

放纵欲望与贪念，的确能得到短暂而强烈的兴奋感，但也会带来相应的后果。**有些没有明码标价的东西往往更加昂贵，比如道德，比如自由。贪婪可以模糊道德，最终也能吞噬自由。**

管理自己的贪心

人不会无缘无故发觉自己的贪婪或者浪费，只有在某件事让自己承受了巨大的损失，甚至对自己造成了一定的恐吓的时候，我们才能真正地阻止自己继续贪婪。因为在那之前，我们可能没有什么力量或心气去对抗这件事情，至少我自己是没有什么力量去对抗它的，反而很容易被欲望支配。

鉴于此，我觉得最好的防范措施是进行一些模拟练习，或者通过合理的计划来进行控制。

第一，放弃细节管理，只做范畴管理。比如，确定好每个月的工资中有多少钱用于固定储蓄，绝不能动。如果你感觉自己没有足够的自制力，也可以把需要存储的那部分钱交给自己最信任的人，由他们帮你管理，最后剩下的那部分，你就可以随意支配，在可控的局部范围内想怎么花就怎么花，这样既能花得爽，也不会对实际生活造成影响。

第二，设置好"顶线"与底线。你只需要知道一件事最坏也不会怎么样，最好也不过到哪里，把这两样东西管理好即可，中间部分就随它去。如果总是非常严格地要求自己，让自己成为一个苦行僧，会过得特别痛苦。**最关键的是，当那根提前设定的线到来时，你能做到及时止损。**我平时也会买股票，有时候亏钱了，我也会想只要一回到止损点，就要把它卖掉，但实际上到了那个点时，如果它涨势不错的话，我就不可避免地会想能不能再等等。这几乎是人性里不可避免的一种贪婪。即便此刻你因为之前设定的止损线确实及时止损了，可一旦它继续上涨，你依然会责怪自己："我怎么没有再等一等呢？"这是你一定会在未来经历的，所以，你开始这个行动时，就要确定好自己可以承受的那个最坏的结果。

我去旅行前会给自己定一个预算标准，比如这趟旅行能花10000块钱，那我出门就只带这么多钱，其间想买啥就买啥，也不会设置任何花费条件，我可以买2个价值5000块钱的东西，也可以买10个价值1000块钱的东西，但是只要花完了这10000块，之后遇到再喜欢的东西也坚决不买了。举这个例子是想告诉你，"顶线"与底线管理的唯一标准就是：一旦开始，你就一定要做到。

第三，做空间上的管理。我有一个朋友，他有一个特别好的习惯，如果要多买一件衣服，就一定要从衣橱里扔掉一件衣服，或者送出去一件衣服，因为他觉得自己的衣橱空间只有那么大，必须保证每一件新衣服都能替代之前的旧衣服。这样他在每次买衣服前，都会想一想有没有舍得不要的衣服，如果没有，那就不买了。

上面提到的这些管理方式你都可以选，重要的是找准你最能执行好的那个规定。如果执行不下去，那这个解决方案对你就是无效的。

对金钱、权力有适当渴望是很正常的，在达到自己的预期时能知足，达不到也不纠结、不后悔。掌控自己的欲望，才能更好地管理自己的人生。

虚伪
HYPOCRISY

别做个虚伪的好人

运营小艾因为工作调动，加入了宇哥所在的直播项目组。

一天，小艾跟隔壁工位的同事聊天："咱们达人自用了很久××品牌的××产品，特别喜欢，我正想写个策划案，跟品牌合作搞一个有新鲜玩法的案例出来。"

宇哥听到马上应和："哎哟，小艾，你的好点子真多！你这个要是做成了，那可是show case（展示案例）啊！"

小艾立马问："宇哥资源多，帮忙找品牌'勾兑'一下？我过两天把策划案发给你，你可以先给品牌方看看，我们约着见面再谈细节。"

宇哥应承着："我想想怎么跟他们聊啊。"转头他就把这个事情放下没跟进。

时间过去了一周，小艾发给宇哥的策划案仿佛石沉大海。她实在等不及，就托自己的朋友帮忙问了一句，朋友直接拉群，小艾顺利把项目推进成功。

等到部门例会时，主管问起各自业务线的工作进展，小艾提了这个项目，并说到宇哥之前有在帮忙对接，宇哥立马接话："小艾真的很有运营思维！太牛了！"

小艾心想：要是真等你帮忙，黄花菜都凉了……

虚伪不是你的保护伞

人类社会中，一定离不开人际交往这一环。有一个好像成了金句箴言的说法——"做人虚伪一点儿，是对自己的一种保护。"这就像教育你不要投入真情实感一样，所有不投入的事也不会有收获，既得不到也爽不到。我一直以来的思路是：**真诚是两点之间的最短距离**，这是经过时间考验得到的结论。我小时候，也会有虚伪的时候，因为小时候害怕承担责任，希望被更多人喜欢，说话时总会有一些吹嘘的部分，或者好表现的行为。也许时至今日也不能做到完全地去除虚伪，但这种情况一定是越来越少了。因为所有曾经虚伪的掩饰，之后都让我付出了更大的代价。或者是内心的消耗，因为自己吹过的牛而惴惴不安；或者是因为结果，为了不让自己暴露而做很多补充的事情。与人交往更是如此。当一个人是带有目的性或者带着经过矫饰的自己去社交的时候，且不论会不会被看破，在这个过程中交往的人，也不过都是因利而聚，大家只是合作关系。如果你想维系一个更持久的关系，把自己包装成啥样都会被时间击穿。当然，如果你真诚待人之后识别出对方并不真正在意你，那之后敬而远之就好了，权当上了一堂识人体验课。

基于自己真实存在的特点适度选择其中一部分去"打造个人品牌"，对我们与他人产生联结是有帮助的（关于如何打造个人品牌，在我的视频课"杨天真的32个高情商公式"里有提到），但是，如果直接造假，编造一些没做过的事情，过度伪装或掩盖自己，则会适得其反。

我们经常看到"某博主翻车"这样的新闻，就是因为他们擅长在网络世界中制造一个"人设"，其实所有的社交媒体账号都是在打造人设，只不过有些是建立在事实的基础上，有些是建立在"创造"上，也就是假的。所谓人设翻车，就是假的被发现了，粉丝和读者会更生气，因为感觉自己被欺骗，甚至这个博主退网也不足以平愤。

虚伪可拆成"虚"和"伪"，虚的意思是不存在，伪的意思则是伪装、假扮。虚伪的人会承认一些不属于自己的优点，却对自己存在的问题视而不见。比如，他自己不曾拥有的某样东西，却希望别人认为他是拥有的；他没能做到的某件事，却希望别人认为他是能做到的。总之，虚伪的人希望收获的全是"好"，所有的"好"都要发生在自己身上，所有的"坏"都与自己无关。

一部分虚伪的人知道自己是在进行角色扮演，还有一部分具有丰富想象力的人，甚至对自己都"以假乱真"，整天沉溺于幻想，甚至会混淆现实和幻境，分不清哪个是真实的世界，哪个是虚假的世界，长此以往，就会给人一种"说谎成性"的感觉。而长期、刻意地勉强自己去适应自己伪造的那个角色，一定会在现实与内心信念的纠缠中陷入分裂，进而产生巨大的心理压力，逐渐扭曲。

摘下虚伪者的面具

判断一个人是不是虚伪主要看两点。

首先，要看这个人在日常生活中言行是否一致，说到的事情是否能做到。

我曾经在一个朋友急需用钱的时候，借给他一笔钱。当时我也没有太多流动资金，但他跟我表示了迫切的需求，我就优先借给他了。可他并没有在约定的期限内还给我。之后我提示他已经到还钱的期限了，他也一直推诿，表示自己有困难。但据我所知，真相竟然是在那段时间里他甚至买了名牌包。他不还我钱肯定不是因为没有钱，只是他要先满足自己罢了。一个残酷的真相就是，说到却做不到的人永远会找各种借口搪塞你。所以判断一个人是否虚伪，就要看他对所有人，尤其是在一些小的问题上言行是否一致。

其次，要看他是否通过与别人的比较来确认自身的价值。

虚伪者的另一个特质，就是喜欢与人比较。一旦发现自己没有得到认同，最简便的方式就是通过诋毁别人来肯定自己。其实这同样是一种"合理化"，只不过是错误的、扭曲的合理化。

有个有趣的现象："A跟B通过说C的坏话，可以建立起牢固的友谊。"

在心理学上，当两个人在说同一个人的坏话时，这种错误的"合理化"能迅速拉近这两人的距离，而这两人在彼此身上，也会找到相同的价值感和认同感。比如，在同一个上司手下干活儿的两个下属，其中一个被上司批评了，很有可能就会跟另外一个人诉说自己的不满。有时候这种不满的倾诉甚至会上升到诽谤的高度。如果遇到这种情况，你就要警醒了，最好不要参与其中，因为这种时刻建立起来的"统一战线"，往往十分脆弱。

这类人由于自身的心理失衡，总会渴望在别人身上寻求某种合理化。同时他自身因为心理失衡而产生的负面情绪，比如沮丧、愤怒、嫉妒等，往往会在合理化的过程中发泄出来，很有诱惑力和传染力。试想他今天可以在你面前寻求合理化，明天也能在其他人面前这样做。语言暴力只能获得内心一时的痛快，而这种攻击性的行为并不可取。

其实寻求内心的合理化是正常的。但在此过程中，一定不能对他人造成伤害。通过诋毁他人来获取内心的平衡，这种行为只是一时之快，一定不会给人带来持续的满足。

虚伪的人比较善于伪装自己，也比较善于经营关系，所以在生活中遇到这类人，最好不要对他们投入过多情感，并且避免过多接触。如果你在工作中不可避免地要跟这类人共事，切记凡事都要留下证据。虚伪的人最擅长理直气壮地"甩锅"或抢功，所以跟他确认任何事情，都需要有文字记录，同时还需提前将权责问题讲清道明，避免将自己置于被动；在态度上也一定不要不好意思或是假客气，要把丑话说在前面。这样才不会给他们可乘之机，让他们钻了空子、占到便宜。

通透时刻

虚伪的谦逊

确实有证据表明，人们对外展示的自我和他们的自我感觉是不同的。最明显的例子不是虚伪的傲慢，而是虚伪的谦逊。也许你现在已经想到一些人们自谦而不是自夸的例子了。这种自我贬低是一种很巧妙的自我服务，因为它很像安抚心灵的定心丸。一句"我太笨了"可能会引发身边的朋友安抚说："你做得很好！"甚至像"我多希望我没这么丑"这样的评论，至少也会引发"那有什么，我认识不少人，可比你丑得多"这样的安慰。

人们之所以贬低自己，夸奖他人，还有另一个原因。想想那些在大赛前称赞对手实力的教练。这些教练说的是心里话吗？当教练们公开夸奖对手时，他们展现出一种谦逊和极富运动员精神的形象，且无论输赢都能为自己找台阶下。赢了，当然是值得褒奖的成就；输了，则是因为对手的"防守太强"了。正如17世纪的哲学家培根所说，谦逊，只是一种"出风头的诡计"。

——摘自《社会心理学》

[美]戴维·迈尔斯　著

自卑
INFERIORITY

逃避与人交流，
社交恐惧症该如何自处

　　在小学时，小斌认真准备、积极举手回答了一次问题，却被老师当众批评了，从此他就羞于在公开场合发言。

　　工作之后，面对同事组的饭局或是公开演讲，小斌每次都特别羡慕那些表现得很"社牛"的同事，而他自己依然是被动参与，从不主动争取发言。

　　一顿强行逼自己推杯换盏的饭局之后，小斌回到家里非常难受。妻子问他："你又不喜欢跟人交际，何必跟他们一起喝到这么晚呢？"

　　他无奈地说："可我在工作上没什么存在感，如果我人都不出现，领导根本都不知道公司还有我这么个人在。"

　　小斌也很无奈："'社恐'多年的我还有救吗？"

"社恐"是自卑者内心设置的回避机制

　　很多人动辄用"社交恐惧症"形容自己，好像只要贴上这个标签就得了某种不可治愈的疾病，给自己找到了一个合理后退的理由，然后一次次地回到自己认为的安全区域，不和别人沟通。比如有人下班后宁可晚走半个小时，就是不愿意在高峰期跟同事同乘一部电梯，遇到认识的人也羞于打招呼，低头假装刷手机；有人参加同学聚会，整个人缩在角落不敢融入，甚至会心跳加速；一到需要发表自己意见的大型会议这类场合更是如坐针毡，被点到自己发言时甚至会全身颤抖，本身平时挺有逻辑的一个人，在那种场合下讲出来的观点却不知所言。

大部分的"社交恐惧"都是源于内心的自卑，可能基于自己成绩不好、长相平平、工资不高等种种原因，太害怕被别人轻视或拒绝，害怕内心受伤，所以"社恐者"会给自己设置一个回避机制，与其明知未来会陷入那种窘境，还不如一开始就不去行动，于是拒绝与外界沟通。**这种自卑是有目的的，它的"目的"就是"逃避行动、避免失望"。**

我跟李诞讨论过一个问题，就是如何才能成为一名脱口秀演员。他说，当你在一个场子里随便说点儿什么，观众都觉得好笑、都喜欢你的时候，你就有成为脱口秀演员的潜质了。这时候说什么已经没有那么重要，重要的是你确信别人喜欢你。我后来实践过，去参加某脱口秀节目录制的时候，其实我对稿子没啥信心，或者说以我自己的判断，稿子水平就那样。但是现场效果确实很好，因为观众看见我比较容易高兴，因为喜欢，就对我有天然的滤镜。但是播出的时候屏幕前的观众就会剔除这层滤镜，因为现场观众获得了直接看见你的趣味感，屏幕前的观众是没有的，他们会更客观地根据你的内容和表现评价你。这就是为啥脱口秀有"线上""线下"的区别，因为观众需要的东西有区别。

有很大一群人，基于一些过往经历，总带着"我长得不好看、我是个嘴笨的人、我不懂得讨人喜欢，所以别人一定不会喜欢我"这种心态跟别人说话，本身不自信，在跟别人交往的时候更难表现得自信，就无法形成良性促进。

克服"社恐"是一个需要不断练习的过程。没有人能一开始就游刃有余，或者从来不在社交中吃亏，即便是"社牛"，也一定受挫过。我们只有接受"会受挫"，接受"会有人不喜欢我"，接受"在跟人交往中可能被讨厌、被憎恨"，然后调整自己，才能拥有比较正常的社交心态。但是很多人不接受、不愿意面对这样的考验，这就有点儿像因为你知道自己拿不到高分，所以你不想参加考试，最后就真的缺考了一样。

我们是社会中的独立个体，但是没有人能完全切断与他人的联系。除了侧重科研的工作不需要经常与人交流外，现实中大部分的工作都需要在跟他人的沟通交往中推进并完成。当然，有人习惯独来独往，根本不在乎别人的看法，所以不认为"社恐"是一个需要解决的问题。但如果你意识到了和他人正常沟通和交流对工作、生活都是非常重要的，想要提升自己的社交能力，那么，下面给你提供几个训练自己社交能力的方法。

走出"社恐"的保护壳

第一，在心态上要把自己当回事儿。很多人感觉自己"社恐"，其实是因为在陌生的社交环境中不知道该如何接话，或是担心自己举止不得当让别人产生不舒服的感觉，越是慌乱无措，越是在意别人的看法。我建议你把自己的感受放在第一位，把别人对你的反馈放在第二位。比如你今天穿得很好看去参加了一个聚会，如果其间有人评价你穿得奇怪，你要先建立底层的自我认同，不在意对方的看法，因为你穿得好看是为了取悦自己，而不是为了获得他的赞美。

第二，先在熟悉的环境中练习。人跟熟悉的朋友在一起会更有安全感，所以你可以先向一个特别善于社交的朋友学习，请他带你去一些你会相对自在的社交场合，比如一堂瑜伽公开课、一场读书交流会，认识一两个陌生朋友，也不必急着融入，可以先观察他们交流的情景，感觉有了一定的熟悉度后，让朋友帮你制造聊天的机会，慢慢摸索适合自己的社交节奏。你可以学着赞美别人，哪怕刚开始时赞美得很生硬，但重要的是试着开始。

在这个过程中，你可以总结自己的问题，思考自己的哪些行为会让别人感觉不舒服，哪些情况能给自己增加印象分。这是一个循序渐进的过程，一定要为此花费一些时间。

第三，不要定太高的目标。别觉得自己在读完一本书或者听完一番话之后，就能立刻从一个所谓的"社恐"变成一个"社牛"，现实中也不存在这样的人。我们可以把练习社交当成有趣的闯关游戏。比如，初级任务就是先想想你比较喜欢跟什么样的人打交道，可以让你的朋友帮你先介绍一个你之前没见过，但是以他的判断你很大概率不会讨厌的人，让对方愿意了解你；如果和这个人聊成功了，中级任务就是主动认识两个陌生人，也不必立刻和他们成为知己，如果能做到自由聊天半个小时或者能聊出一个话题就很好了。训练的逻辑是逐级增加难度，逐渐向外拓展。

给自己一点儿时间，一步一步去行动，你会拿到一个接一个的结果。自然而然地，你就已经走在不那么"社恐"的道路上了。

第四，学会肯定自己，并找到自己最自信的状态。没有人天生拥有绝顶出色的社交能力，大部分人是因为练得多了，找到了在人群中自信的方法，相信自己是一个不管做什么都会受欢迎的人。

关于如何变得自信，我也分享一个方法——先确认哪些人喜欢你，然后分析他们喜欢你的原因，以及你容易获得他们的认可的原因。当你把这个群体"打通"，从他们中间建立起自信的资本和条件后，再去挑战和适应下一个环境。

对于低质量社交就大胆拒绝，内向者也有生存之道

当然，这个世界上是存在有效社交场合与无效社交场合的。对性格内向、天性自卑的朋友来说，要懂得取舍与拒绝。

性格内向与外向这个事情在我看来是天生的。比如我是个外向的人，但我身边有很多朋友性格很内向，他们的事业同样非常成功，我经常采访他们如何自处，我的好朋友崔璀给我的回答是："先定位，再成为。"先想明白自己想成为一个什么样的人，再找到能走向目标的那条路。比如，今天我朋友来家里做客，我的目标是要给他们做一桌丰盛的饭菜，但我的食材只有土豆和胡萝卜，那我就利用现有且仅有的土豆和胡萝卜，做出花样来。

总之就是，想明白怎么**用已有的东西去抵达设定好的终点**。当你想清楚这一点，你就不会对无效社交有过度的渴望，也就能和自己的内向状态自我和解。

总结一下，由于一些我们无法把控的因素（成长环境、父母的教育方式、长相等），很多人都会产生自卑感，进而逃避与其他人的正常交往。但是，逃避从来都不能解决任何问题，别把"社恐"当成自己惧怕跟别人打交道的过程中受挫的遮羞布。不一定所有的自卑都要克服，但希望它不会成为限制你成长和进步的枷锁。

通透时刻

练习：夸我

跟朋友进行一次真诚的"夸夸局"，相互说出三个或以上彼此的优点。

纠结
IRRESOLUTION

因为选择困难，
我错过了太多好机会

　　婷婷最近房租到期，准备换个房子住。

　　中介问她："第一套房子您觉得怎么样？"

　　婷婷回答："那套房子离公司近，我每天都能多睡一个多小时呢，可就是装修太旧了。"

　　"那第二套呢？"

　　"这套装修还是蛮新的，就是面积有点儿太小了。"

　　"第三套的面积会大一些，您看看这套怎么样？"

　　"这套好是好，租金又太贵了……"

　　"那最后那一套呢？"

　　"最后那套是和房东一起住的，让我觉得自己在寄人篱下，肯定住得不自在。"

　　中介为难地说："符合您要求的房子都带您看过一遍了，现在是租房旺季，您需要尽快做出决定。"

　　婷婷纠结来纠结去，就拖到了不得不搬家的时候。她给中介打电话想再看看房，中介却在电话里告诉她："不好意思，您犹豫得太久了，那四套房子都已经租出去了。"

　　"为什么我做个决定这么难啊！"婷婷心想。

生活中每个人每一天都在面临大大小小的抉择时刻，故事中的婷婷在面对多个选项的时候，因为想要获得最优解而难以做出决定，好像选择了这一个就意味着失去了另一个，而现实情况是根本就不存在最优解，也几乎不可能找到两全其美的解决方案，只能是让自己陷入纠结的泥潭中，浪费了大量的时间和精力去"做抉择"，又因为迟迟做不了决定而导致最终做了无用功。

我曾经收到过这样的留言，有的朋友在找工作的时候对公司要求非常高，希望薪酬水平高、同事关系和谐、晋升环境公平、工作地点离家近，其中任何一项令他不满，他就不会入职，纠结的结果就是拖延，拖到最后"空窗"了一年，积蓄差不多花完了，被迫去了一个自己不满意的公司。

要知道，尽善尽美根本不是人生常态。很多人在纠结中持续内耗，就是因为目标设定跟实际情况偏离太远。

究竟是什么让你"选择困难"

想要在多个选项之中做出取舍或者决定，必经的两步就是判断和决策。判断是个过程，你通过它形成看法，得出结论，对事件做出评估；决策是在各个预备项之间做出选择，接受某一或某些结果，并且拒绝另外一些选择。

当然，你的判断或决策过程可能并不如理想中那样理性，当认为自己必然面临这样的局面的时候，你就会纠结。

"选择困难症"背后的真正原因，有三个。

第一，你害怕承担后果。

人一旦预料到自己未来可能会后悔，做决策的时候就会更加慎重，因此会花费更多时间去收集信息。每一个选择背后都有其相应的风险，害怕承担做出错误选择后会对自己带来的不利影响，这是人之常情。但事实是，容易纠结的人无论选哪一项都会后悔，因为他们总是把焦点放在这个选项的负面影响上，进而再去拿这些负面影响对比自己放弃的选项的积极面。因为内心不够坚定，也自然没有力量去对抗做出选择后可能会面临的新问题，所以采用"逃避"的机制，迟迟不做出决定，用拖延和纠结来掩盖自己内心真正的答案。

第二，你可能是个"利益最大化者"，而非"知足者"。

这两个词语我是从《心理学与生活》上看到的。通俗来讲，知足者在购物时会一直逛，直到找到特别吸引自己的那个东西，它不一定是最好最贵的，但对自己来说是足够的；利益最大化者则是在做出选择之后继续逛一圈，然后说服自己买的东西就是最好的。

利益最大化者通常会更在意事情的结果是否会让自己后悔，也自然会加重做决策时的心理负担。

第三，也是最底层的问题，就是价值体系不清晰。

认知心理学奠基人之一的赫伯特·亚历山大·西蒙（Herbert Alexander Simon）提出，和人类生活环境的复杂性相比，人类的思维能力非常有限，所以，人们会倾向于找到"足够好"的问题解决方法以及"足够好"的行动路线。容易纠结的人往往对自身及外界情况了解得不透彻，缺乏深度思考的能力，思维方式过于单一，导致在思考时出现盲区，所以很难客观分辨出哪一个选择对自己更有价值。

一个价值体系混乱（或者说根本没有自己的价值体系）的人在遇到需要做决策的事情时，往往无法区分轻重缓急。找不到重点，自然就会纠结。

那么，如何让选择变得更容易

第一，建立自己的价值体系。

与其解决实际问题，不如先解决价值体系问题。搞清楚就目标而言，对自己最重要的是什么，不能妥协的是什么，设置高点和底线，然后再将选项逐一排序。如果你连这个也无法独立做到，就要学会求助。最好的方式是向认知水平比自己高的人求助，找一个自己信任的、有条理有逻辑的人来帮忙，梳理清楚问题的轻重缓急，一旦梳理出来了，答案基本上就有了。

比如在婷婷选房子这件事情上，问题的本质无非是租金、居住条件、通勤距离这几项里哪个是自己最在意的。居住环境好、距离公司近的房子可能价格偏贵，性价比高的房子可能通勤时间长，所以问题的本质并不是哪个房子更好，而是这些要素中哪一个是她更看重的。

每个问题的背后都隐藏着一个更深层次的、关于自己价值体系的问题——什么对自己更重要。犹豫不决的人往往没有深度思考过这些问题，只停留于问题表面。当自己可以梳理清楚这些关键问题，或者身边有人能够提供清晰的思路把这些有价值的问题整理出来的时候，做决定就没有那么纠结了。

第二，给选择分级。

浮于表面的那类问题，根本不需要浪费时间和精力进行不同维度的比较。日常生活中最常见的选择就是吃什么、穿什么。每个人的精力都有限，对于这些小事并不需要追求完美，依据自己的习惯形成一个固定的模式即可——提前选好第二天要穿戴的衣物以免早上纠结而迟到，依据预算选择餐点以免超支，诸如此类。因为这些问题，无论选啥，都不会有致命伤，所以花那么多时间干啥？

而遇到那些真正能改变自己命运的选择，比如要不要出国留学，毕业后去哪一个城市工作，就需要深入底层思考到底什么对自己更重要。举个例子，我决定要休一个长假，那我就要清楚，这个问题的本质是业务上暂时的财富积累和正向发展与自己得到现阶段内心的放松，哪个更重要。其实处在不同的阶段，人的答案会不一样——如果公司正处在高速发展阶段，我肯定是要全力以赴闯事业的；但是如果我的内心已经非常混乱，找不到存在感和价值感，那放松就刻不容缓。

纠结的时候，不妨再往下多想一步，思考一下问题背后自己到底在意什么，找到纠结本身与你内心之间的关联，把这个答案想出来，你就不会再纠结了。当然，这种思维模式是可以训练的。

第三，建立自己的决策框架。

心理学家希娜·艾扬格（Sheena Iyengar）曾经做过一个名为"如何令选择变得更加容易"的演讲，里面提到了四个词：Cut（精简）、Classify（分类）、Specify（具体化）和Simplify（由简入繁）。

1.**精简**，顾名思义，就是主动减少选择项。举例来说：你要租房子，面对海量的房源，你可以只勾选自己想要的房型、朝向、价格范围，这样选项就被精简了。

2.**分类**，你可以在选择房子时做一个简单的分类，比如"距离公司方圆一公里以内"类、"楼层高、采光好"类、"普通住宅，不需要支付相对高额的商水、商电费用"类，这样你就不至于在眼花缭乱中迷失方向。

3.**让每个选项具体化**，以便让自己能够看到选择后会产生什么后果，更清晰地了解不同选择之间的区别。比如，选择距公司直线一公里内的房子和距公司直线十公里内的房子会产生不同的后续效应，离公司远的房子会让每个工作日的通勤成本增加50元，但周末去商圈更方便也会节约一笔费用，等等。这样一来，选择带来的不同结果就变得清晰、具体。

4.**由简入繁**，这是一个循序渐进的步骤，比较适合对待复杂的选项。比如选房时，你可以从单一的选项开始，先确定可承受的价格范围，然后在这个价位的基础上挑选地段、楼层等，而不是一上来就进行综合考虑。

决策心理学家保罗·斯洛维奇（Paul Slovic）研究发现，人们面对一模一样的选项，往往在看到"我喜欢"这类问题时会更注意选项的正面特征，而在面对"我不要"这类问题时就会聚焦于选项的负面特征。

所以最后，我再提供另一种**排除法**的决策方式给你。拿开头的故事举例，试着换一换提问的措辞方式再问问自己：

如果在以下选项里我必须拒绝其中一套，我会选择哪个？

A.离公司近，装修老气，价格合适。

B.不够亮堂，装修新，室友好。

C.装修新，租金贵，面积小。

…………

把"我想要"换成"我不要"，把自己最不能接受的选项逐一排除。

其实，任何选择都有得有失，没有人能预知未来，对于"非标"问题自然也没什么正确答案可言。**与其患得患失，不如坦然地落子无悔**。不要狭隘地定义自己的选择，以非此即彼的方式看待它们，只要能做到为自己的选择负责，并且做好承担相应代价、接受可能会产生的任何结果的准备，纠结就不会困扰你了。

哪里有判断，哪里就有噪声。推荐阅读丹尼尔·卡尼曼（Daniel Kahneman）的《噪声》，可以帮助你提升认知，排除干扰。

通透时刻

麦金尼斯在《错失恐惧》一书中对我们生活中需要做出的决策的区分：

高风险决策：重要的战略性决策，将带来重大的、可能是决定性的中长期影响。

低风险决策：在生活中和商业上经常出现的决策，涉及日常生活中一定会发生的一些事情。

无风险决策：一些没有正确与否之分的小细节。

对于无风险决策，不要浪费一丁点儿时间。

对于低风险决策，可以利用外部资源来打破僵局，提高效率，降低决策成本。

对于高风险决策，谨记四个基本原则：

1.保持开放的心态。

2.知道什么东西重要。

3.依赖事实，而不是情感。

4.从多个来源收集数据。

——整理自《错失恐惧》

[美]帕特里克·J.麦金尼斯 著

通透笔记

偏见

JAUNDICE

别执着于纠正别人的偏见

临近下班时间，主管到小龙的工位给他安排工作："小龙，把这份报告赶一下，晚上九点之前发我邮箱。"

小龙不希望已经安排的个人计划被打乱："抱歉，主管，我今天家里提前约了顿饭，长辈的时间也不好调整，您看能不能安排同事小斌来做这个报告？我去和他打个招呼。"

主管还没遇到过敢不接受他安排的下属，抱怨道："现在的'00后'真是一点儿责任感都没有！"

小龙敢怒不敢言。

后来有一天，小龙给了运营部门一个数据需求："这两个采购表的格式不一致，辛苦帮我按照材料名称、英文名、供应商、成本、数量、采购人的格式提供过来。"

运营部门被他搞得非常头痛，偷偷抱怨："唉，其实给他导出的表格啥都有了，就是格式有点儿乱，又不是用不了，处女座就是有强迫症！"

没想到这话被路过的小龙听到了，说："处女座咋了，明确格式也是为了大家都提高工作效率，要是我拿回去看不明白，不还是得返回来找你们给我解释嘛。"

小龙不明白，为什么大家都对人有那么多偏见啊？

人人反对偏见，可人人都有偏见

我们在生活中总会对人"贴标签"或是"被贴标签"——只关注某一个共性特质，而忽略无数多其他的共性特质去给一个群体下定义。比如"男子汉流血不流泪""娇滴滴得像个女孩一样""女司机""好女体重不过百"……我也经常被评价"你怎么这么胖啊？身材都管理不好还谈什么自律"。小龙就是被主管和运营部同事贴上了"'00后'就是没责任心、不上进""处女座就是有强迫症"的标签。

比如，我们现在在路上看到一个开着跑车、妆容精致的女性，你的第一反应可能是"有钱人的女朋友"或者"富二代"，但有可能她是个成功的女老板。然而大家对女企业家的固有印象又是"干净利落""不施粉黛""说话斩钉截铁""性格强势霸道"。**偏见就是你根据已知信息和已有逻辑推理模式形成的快速结论。这样的结论往往不是留存在我们一个人的脑海里，而有可能是一个群体的社会共识。**

偏见对他人的情绪伤害很难量化，有时候甚至很难被证明，但是每一个人在不同的人生阶段或多或少都吃过偏见的苦，也很大概率曾经有意无意地把自己的偏见施加于别人。

戈登·W. 奥尔波特（Gordon W. Allport）教授在他的著作《偏见的本质》中就对"偏见"的根源进行了阐述——偏见源于一种人类常见的思维谬误"过度分类"，仅仅依据极少的事实就进行大规模的归纳。

我们的大脑每天都在处理无数的信息源，借助分类原则，大脑通常会把相似的事划归到同一种类型中，这样就可以同时处理很多信息，大大地减少工作量。在这个分类过程中，家庭教育、成长环境、后天经历及社会大环境会把对应的分类赋予由自己下定义的情感色彩。举个例子，我如果说"穿粉色长裙的人"，大家心里首先浮现的很大概率会是一个女孩的形象，如果现实出现的是一个穿粉色长裙的男性，大概有些人心里就会产生"这不合适"的想法。如果接下来眼前是一个站在舞台上身穿粉色长裙的男性舞者，一部分之前产生过"这不合适"想法的人会转变态度——"哦，原来如此，误会了。"当然，最后还是会有一部分人坚持"男人就是要阳刚，粉色是女人的颜色"的成见。

在成长过程中，每一个人都在用自己的价值观作为大脑分类的标准，同时，我们会坚定地捍卫自己的价值观，这就不可避免地会对不符合自己价值观的事物产生排斥，这就是形成"偏见"的原因之一。 对于符合自己价值观的事物，我们就会产生"爱的偏见"，不符合的就变成了带有恶意的、负面的偏见。

偏见是一种态度。一个存有偏见的人，会给一个群体贴上没有根据的标签，然后把自己不喜欢的那些人归入这个群体，并且不断强化对这个群体的负面评价，从而形成**刻板印象**。

偏见是基于思维惰性带来的认知局限

回忆一下看电影或者电视剧的时候，你有没有过这样的经历。你总会问身边的人：这个人是好人还是坏人？如果别人告诉你某人是好人、某人是坏人，那么接下来你对这两类人所投入的情感肯定会截然不同。当然，剧情一般也会按照人物的设定，顺其自然地进行。但是，在看悬疑片的时候，你会发现事情完全不符合你的设想了。为什么大家会把高质量的悬疑片称为"烧脑片"？就是因为我们已经习惯了对剧中的人物提前定性，好人就是好人，坏人就是坏人，简单明了。但悬疑片偏偏不走寻常路，错综复杂的剧情让你根本无法直接地判断善与恶，在不断反转中颠覆了你的认知。

人人都有思维惰性，这种惰性并不是说你真的有多么懒，而是你的思维方式会有这种倾向性，它特别依赖于你以往对事物的认知，也就是我们所说的"先入为主"。

基于认知水平不同而产生的偏见其实很难深究对错。当一个人的成长环境和个人经历过于简单时，他能获得的信息量非常有限，判断推理的逻辑也非常单一，就很容易形成一个固定的思考模型，当实际出现的情况不在这个模型内时，偏见就产生了。

回到前面"烧脑片"的案例，不只是在看电影时，在日常生活中，你对某个人、某件事物的看法，也会受到外界的影响，从而产生偏见。别人告诉你这个人是好人，你就会不自觉地用友善的态度对待他，反之则会厌恶他。这种认知上的偏见，肯定会对你的人际关系造成不良的影响，而且你很难意识到这一点。

带着这样的个人偏见进入社会关系里，大多数人都是基于社交媒体的只言片语去获取碎片信息，且难辨真假，因此很容易在群体认知出现偏差的同时，产生偏见共识。在每个人都掌握了公共话语权的今天，要求大家"不要轻易下结论"是非常难的，因为那个结论是我们的头脑在事情发生前就已经推出来的。

摒除偏见的杂念

那么，如何在一个碎片信息满天飞，认知不同、逻辑不同的世界里过好自己的人生呢？

一、尊重和理解个体的差异化。

不要把一个群体的特征加在每一个个体身上。比如有的人会把"00后"看成幼稚无知的代名词，这就是人们依照这个群体中一部分人非常泛泛的共性而下的所谓定义。

很多人向我提问，问我对某代人有什么看法，这种问题我通常会觉得不太好答。因为每一个时代的群体都有千千万万个独立的个体，他们生活在不同的家庭环境中，有着截然不同的成长背景，人性的呈现是千姿百态的，没有人可以用简单粗暴的几个个例去代表整个群体。

所以，在遇到挑战自己认知的事件时，慢一点儿下结论，首先去接纳对方是与自己不同的，不争对错，而是去理解差异。

二、没必要改变自己，也没必要改变别人。

被偏见定义的个体肯定会觉得很委屈，但是偏见一旦形成就是很难改变的，除非个体的价值观、逻辑思考能力都发生转变。

所以当遭遇偏见对待的时候，你可以表达自己的想法，但没必要想着改变他人，更不要把别人的偏见当作自己人生的参考标准。同理，既然知道自己也是带着偏见的人，那就不要轻易表达自己的结论，更不要拿自己的所谓结论当真理去指点别人的人生或者轻易评价别人，这于人于己都不公平。

三、保持成长、开放的心态。

既然偏见人人都有而且难以消除，那么除了要有自我意识，能察觉到自己的无意识偏见，同时要改变心态。

要养成一种"成长心态"，而不是"定型心态"。"定型心态"会让你故步自封，觉得自己什么都知道，不需要改变；"成长心态"会帮助我们找到认知盲点，突破认知局限，打开新的格局。

比如，在探讨职场中的男女不平等问题时，定型心态的人可能会说"我不是性别歧视者",但是在工作中,一旦遇到升职问题时,他首先想到的是提拔男性,因为女性要照顾家庭,恐怕不会像男性那么努力。这样的思考方式就是认知盲区。

而成长心态的人则会抱着"我在性别平等的认知方面可能还有成长空间"的想法去采取行动,比如说在自己的职场圈子里更加关注女性的工作表现(而不是假设女性应该做家庭主妇)、注意倾听不同层级的女性的声音(而不是假设女人只关注鸡毛蒜皮的小事);参加一些会议活动的时候,会愿意与更多女性讨论问题(而不是假设女性头发长,见识短)。

每一个个体都不应当被不公平地对待,偏见是由人产生的,也就必然只能从自身做起,不断学习和提升自我认知水平去减弱偏见对我们的影响。

通透时刻

偏见的来源

人都有一种偏见的习性。这种习性来自一种自然而正常的倾向：对事物加以概括以形成概念和范畴。这些内容代表了对经验世界的过度简化。理性范畴与一手经验紧密相连，但非理性范畴也同样容易形成，甚至不需要"事实"或"真相"，因为它们完全可以由道听途说、流言蜚语、情感投射和幻想而形成。

——整理自《偏见的本质》

[美]戈登·W.奥尔波特　著

通透笔记

做事鲁莽
KIBITZ

为什么我总是好心办坏事

　　小轩最近接了个外包项目，甲方把他们和另一个负责视觉设计的外包公司的人拉进了同一个群，以便沟通进展。小轩因为晚了几天进项目，不太清楚情况，甲方负责人刚发出一个资料包，小轩为了替自己公司争取资源，马上跳出来说："收到，周六的展板我们这边可以负责。"

　　实际上，小轩的公司和另一家外包公司根本不存在竞争关系，负责的完全是两块业务。

　　负责视觉设计的公司对接人气笑了："这人可真有意思。怎么会找这种人出来做对接，真是丢人。"

　　小轩的组长心想："小轩可真行，什么情况都没弄清楚就开始胡说八道，唉，还得给他擦屁股！"

　　事后组长召集大家开会，特意强调："以后对外沟通的群里不要随便乱说话，先内部沟通之后，由我去统一答复。"

　　这件事在公司里传开了，大家都在窃窃私语："小轩看起来挺聪明的，怎么办事那么莽撞？"之后再接项目，就没人想跟小轩搭档了。

　　小轩心想："我只是想帮忙啊！为什么我的好心和热情在同事眼里就成了做事鲁莽呢？"

情商低不是做事鲁莽的借口

其实，小轩做事鲁莽的根本原因，是他在工作中还抱有**学生思维**（这个概念在"X因素"这个章节我会进一步拆解分析），他犯的错误叫作**接到任务后，未经确认就马上执行。**

在学校接到题目之后照着作答就可以了，但在职场，这个题不是现成的，很有可能题干只说了一半，或者说得不清不楚。不论一个任务来自领导还是客户，都需要细化目标，主动和他共同认识清楚"我的角色是什么""怎样才叫把这个工作完成了且完成好了"。这几件事情，在接受任务、重复任务，并且提出你对这个任务的思考的时候，就可以进行落实和确认。

举个例子，我给三位同事布置做会议纪要的工作，做出来的版本可能会完全不一致。一个像做实录一样，把每个人讲的每句话都尽可能地记下来；一个提纲挈领，非常简略，只保留几个字或者几句话的要点；一个会自己列好提纲，把会议目的、有效讨论、得出结论、悬而未决的问题等一一列明（当然，最后一个是相对有效的会议纪要）。在职场中，同一个任务、同一个场景，每个人的理解也是完全不同的。哪怕在我的理解中会议纪要是每个职场人都该知道是什么、怎么做的东西，但呈现出来的结果还是千奇百怪。正确的做法是去问一下老板的秘书，或是查一下部门之前的会议纪要，或者求助于你的同事，让他给你提供一个模板。

在初入职阶段，大家眼中的心知肚明和默契对你来讲是空白的，如果你不去主动寻找隐藏信息，就会产生大量的误解。

改变鲁莽行为，有法可循

好心办坏事不管是发生在生活中还是职场中，都是个挺难堪的事情。设想一下，如果有个人故意干坏事，那我们作为被害者，还能理所应当地将心中的不满发泄出去。但在明知道这个人是好心，结果却伤害到自己的情况下，被害者还要承对方的情，连发泄的地方都没有，那不是更难受吗？"好心当成驴肝肺"乍一听好像确实挺冤的，但事实就是，莽撞的善意也是会伤人或者给事情带来不好的结果的。

那么，作为故事里小轩的角色，又该如何解决因鲁莽而产生的一系列问题呢？

所谓鲁莽，就是行动比脑子快，可能慢一点儿就知道自己的行为是不够妥当的，但由于这个习惯出于自己的本能，或者是第一反应做出决定来指导自己的行动，所以会做出很多不经思考的事情。

首先，可以通过系统训练，避免自己做出鲁莽的行为。

这是有一套训练方法的，具体在丹尼尔·卡尼曼的《思考，快与慢》这本书里讲到了。每个人面对不同的事情都有不同的行为模式以及处事系统，将这些系统归纳统一，大致可分为两种：系统一，是指用自己的本能和经验，下意识去解决事情的行为；系统二，是需要通过思考、分析得出结论后，再进行行动。

在处理事情的时候，需要清楚地知道，在面对比如吃什么、看什么电影、约会的时候怎么跟人聊天等比较感性的事情时，用系统一去解决；而大部分需要思考和分析的、协作上的事情，就要用系统二处理。如果能够比较好地运用这两套系统，就可以尽可能地避免鲁莽行事了。

其次，当鲁莽行为切实发生后，一定要真诚地道歉。

有时候，我们能意识到自己是比较冲动的，但暂时控制不好自己，那就建议坚持两个原则，第一叫预先性，第二叫喊停机制。比如，你和你的合作伙伴要开一个可以预见气氛会比较激烈的会，那你可以带着真诚道歉的姿态先招呼，坦诚地告诉对方，"我这人一激动确实容易说话有点儿冲，而且只顾着自己说高兴了没有办法很好地照顾大家的情绪，万一今天我的臭毛病又犯了，还请大家随时打断我，别对我客气"。然后还可以拜托信任的人设计一个关键词或关键举动，当自己又做了类似的事情后，对方说出这个关键词或做出这个关键举动，自己就能迅速明白刚刚做了什么鲁莽的行为。就像我们被催眠的时候，都会提前预设一个清醒物件，一旦在梦境里遇到了这个，就知道马上醒过来。

最后，找到自己产生鲁莽行为的共性，再采取手段从根本上解决鲁莽的问题。

所有事情的发生都不是偶然的，鲁莽行为的产生也一样。你需要弄清楚当你鲁莽时，背后的根本原因是什么，可能是情绪激动，可能是急于求成。找到共性之后，就可以分析出自己的行为模式，在哪种情绪、哪种状态下会比较容易产生鲁莽的行为，从而找到方法去解决或者控制这种情绪和状态。

警惕那些别有用心的"善良"

在我看来，好心办坏事是做错事的一个借口，甚至有时候会成为一种道德绑架。只要办了坏事，不管是好心还是坏心都不值得被赞扬，甚至不应该被原谅。出发点正确不意味着过程正确。就像《复仇者联盟》中灭霸要毁灭一半的生命是为了各个星球的资源分配合理，能够持续地发展，这个出发点肯定没有问题，但是手段却没有人能接受。我们需要尽量避免这种情况发生。比如，很多人会被家长、亲戚、朋友催婚，作为当事人的我们都会觉得烦，但家长、亲戚或者朋友就会觉得"我是好心呀""为你好你就算不感谢我，也不应该抱怨我吧"。但实际上，确实"不关他的事"。当我们被强加了别人的意图和是非观，就很容易暴躁。所以，出发点正确并不意味着你就可以对别人肆意妄为。

勇敢是选择，鲁莽是冲动。做事方式失之偏颇，你的付出在别人眼里就只是麻烦；边界过了，你的善意在别人眼里就只是多管闲事。不因鲁莽而给身边的人带来痛苦，也要警惕那些以好心为名来伤害你的人。

通透笔记

多嘴

LONG-TONGUED

经常说漏嘴，
我为什么不长记性

　　宿舍里，大家发现小浩最近情绪有点儿不对劲，叫他一起去打球，他不去，一回宿舍就躺在床上蒙头大睡。

　　明哥平常和小浩关系最好，他实在有些担心，就趁大家不在的时候，单独问小浩："你最近怎么了？出什么事了吗？"小浩这才告诉他："最近家里生意出了点儿问题，需要一笔资金周转。我实在是不忍心让他们再为我的生活费操心，就想出去打工多赚点儿钱，帮他们减轻压力。你千万别跟别人说，我不想大家都同情我。"明哥点点头。

　　之后几天大家背地里各种猜测小浩到底怎么了，明哥实在没忍住，就说了一句："浩子家里生意出了点儿问题。"

　　当天晚上小浩打完工回来，全宿舍的人都跑来关心他："你家里没事吧？要不要大家给你凑凑钱？"

　　小浩一下生气了，质问明哥："你怎么这么多嘴！"

　　明哥特别愧疚："对不起……我也不知道为什么，别人一问我这个，我就不想骗人家，还想着大家是不是能一起帮你出出主意。我不是有意的，唉……"

为什么人人都爱"秘密"

探秘是人的本性，对八卦新闻更有一种与生俱来的热爱，大家就是会更喜欢探查所谓的"秘事"，那些"标题党"也总会把"××爆料""揭秘××过往"作为自己的"流量密码"，一般这类标题的文章阅读量都会飙升。秘密真的太受欢迎了！所以，那些看似不小心说漏嘴的情况，是真的不小心，还是有其他深层原因呢？

首先，人的窥私欲与生俱来。 多数人在面对他人隐私的时候是很难压制自己的好奇心的，尤其是对自己身边认识的人和公众人物。

其次，人们总喜欢沉浸于幸灾乐祸。 有句话是这么说的："你有什么不开心的事，说出来让我开心开心。"当人们听到与自己无关的负面消息时，往往会这么想："跟他一比，我好像过得还不错。"这不纯粹是一种恶意，反而这种心态挺正常的。人们判断或者评价自己的时候，会从外形、思维、行为、生活状况等各种方面和别人做比较，看见别人遇到不顺利的事情，就会觉得自己过得至少没那么不好。这就是《社会心理学》中的社会比较理论。

最后，秘密能传递信任感。 当你知道一个秘密之后，总是忍不住想找人分享，而且很大概率不会大张旗鼓地宣扬出去，而是只告诉你想告诉的个别人。这是因为分享秘密能传递一个信号：我是信任你的。比如，人在泄露秘密的时候，都会这样说："哎，这件事我知道很久了，一直没说出去，就跟你一个人说了，你可千万别说出去啊。"听到这句话，对方一定会想："哇，你这么信任我，我肯定对你很重要。"

至此，多嘴之人的故意泄密动机也就能分析出来了——希望通过秘密的传递和别人建立信任关系。

泄密并不是维系关系的终极砝码

故事里明哥因为不想欺骗其他人，就忍不住说出了小浩的秘密，其实是他对自己说这件事的结果已经有了判定，并且主观替别人做了判断，他觉得这么说不会对当事人造成多大伤害，甚至还会有"其实我这么说也许是对你好"的心态在里面。

但实际上，跟别人忍不住透露秘密，肯定有自己的目的。要么就是想展现自己跟大家关系都很好，能在各方掌握更多的内幕；要么就是很在意别人的看法，怕不告诉别人实情，对方会觉得你不好，所以才会用出卖别人秘密的方式来展现自己是知情者的特殊身份，或者展现自己的优越感，来留住这段新关系。

我有过一段亲身经历。我和一位朋友一起参加了一次线下活动，其实我们的工作已经完成了，后面的事情就是社交聊天，我和几个朋友想逛街，一起提前从活动现场离开了。我们对外一致的解释是去看望当地的朋友。后来活动的组织者私下询问我们其中一人那天的去向，我这个朋友就说了实情——那天其实是去逛街了。

这个事后来被大家知道了，弄得我们都很尴尬。活动组织者觉得我们几个把逛街看得比活动本身更重要，对我们有些不满。我也有点儿生气，就去问我这位朋友，为什么要出卖我们。他跟我说，他真不是想出卖大家，只是当别人问他这件事的时候，他忍不住想告诉对方实情。因为他怕自己不跟对方讲，对方知道真相后会觉得他这个人不够意思，或者说觉得他说谎骗人。

后来，这位朋友非常郑重地跟我道了歉，我也非常严肃地跟他谈了这个问题，把他做这件事的底层逻辑分析清楚了，他听了之后很认同。他就是惧怕别人觉得自己不好，也害怕因为没说实情而失去和活动组织者的那段关系。

其实，**人跟人之间关系的建立是要经过一次次考验的，有一些泛泛之交的关系并不值得维护，他的看法对你自然也没那么重要。我们应该去维护自己的亲密关系、更深度的关系，这些人才是真正在意你的人。**

判断一段关系是否重要、是否值得去捍卫，是需要有一个自己的判定标准的。当一段关系的建立需要牺牲别人对你的看法，甚至在我看来那都不叫牺牲，因为别人对你的看法根本不重要，而且那种看法本质上就是一种"起哄"时，你要会做判断。比如，当别人跟你讲"你这个人怎么这样，这点儿话都不说"的时候，不要被这种起哄干扰，你应该有自己的判断。

而通常喜欢多嘴的人分不清什么是重要关系，什么是次要关系，也分不清当维护重要关系的时候，有必要对次要关系里别人的评价让步一下，于是在关系的处理上模糊不清。

如何改变"多嘴"的自己

多嘴这个行为对自己一定是不利的，也一定是需要改变的，因为多数人在与他人交往的时候，都会认定多嘴者是没有信任度而言的。喜欢泄密的人在工作、生活中一定不会拥有真心相处的关系。

多嘴的人如何做出改变呢？有一个真相就是——很难改。当他闯出弥天大祸，惹了不可弥补的麻烦的时候，自然就会改了。原因很简单。

一方面，多嘴者已经形成这样的习惯了，并不会因为你告诉他做这件事有危害而收敛。这样的人在社交中是非常没有自信的，他需要通过暴露秘密展现出"我对你真的很信任"，来拉近自己和对方的关系，进而建立亲密关系。当他使用这种泄密的方法且其在社交关系中不断奏效、对方给了好的反馈的时候，他就会不断使用，随之形成这样的行为习惯。

多嘴者最需要解决的问题就是建立底层自信，要知道自己怎么跟别人建立关系才是长久的。现在的他根本没有意识到，用泄密的方式建立起来的关系中，别人根本不会信任他，而那些需要他暴露别人的秘密才会跟他建立亲密关系的人，也只是在利用他而已。

另一方面，这个行为本身没有给他自己带来伤害，所以他并没意识到别人的事情他是没有说出去的权利的。就像一个小动物或者小朋友，面前有一个火堆，他根本意识不到那个东西会有危险，只有被火烧伤之后，他才能痛定思痛。

泄密肯定是一件不光彩的事，那些一直拿着别人的隐私津津乐道的人，肯定不是值得你深交的人。希望这篇分享能让你更深刻地理解多嘴者的动机，找到自己真正值得维护的人际关系。

通透笔记

爱

LOVE

略显沉重的爱，
该如何回应

青青工作忙，每天都会加班到很晚，几乎从没按时在饭点吃过饭。

这天妈妈从老家过来看她，青青却忙得不行。安顿好妈妈后，她又匆匆赶回公司加班。

妈妈心疼女儿，晚上做了一大桌子她爱吃的菜。夜里十点多，青青终于拖着疲惫的身体回到家，发现妈妈居然没有吃饭，一直在等自己。

"回来啦！"妈妈高兴起来，"你休息一下，我去热一热饭菜，马上就可以吃了！"

青青既幸福又心酸。

第二天青青又要加班，特意打电话告诉妈妈："今天我又得很晚才能回去，你不要等我了，早点儿吃饭，好好休息。"

"不用担心我，你好好工作。"

结果半夜里青青回来，迎接她的还是不吃不睡、熬夜等她的妈妈。

青青一下情绪爆发了："不是跟你说了不要等我吗？不吃不睡，你生病了我怎么办？"

妈妈被吼愣了："我这不是心疼你吗……在哪儿吃饭不是

吃，我特意过来，不是为了吃饭，是为了看你啊！"

青青又后悔又自责，不知道该怎么面对妈妈这份沉重的爱……

坦然接受不同价值观下的爱

其实，每段关系中，都有两方或者多方，而每个人对于关系的远近亲疏的理解是不同的，也就是说，**同一份爱里，每个人的浓度不一。**有的人喜欢腻在一起，有的人则喜欢多一些自己的空间。打个比方：现在有些夫妻在住房条件允许的情况下，会选择各睡一间房，觉得这样睡眠质量高，有各自的私人空间，互不干扰；有的人则不能接受，觉得夫妻理所应当睡在一起。甚至有的人如果旁边没人，就会极度没安全感，反而睡不着觉。但是很多人理解不了这些生活方式，或者每个人对爱的表达方式不一样，经常会轻易下结论：你没有做到什么什么就是不爱我，或者我都做到这样这样了还不爱你吗？在爱这个问题上，因为在意、因为出发点是为对方好，就更容易在处理上"过界"，或者受伤。

不仅如此，大家对爱的在意点也不一样。

拿我们行业举例，有的经纪人是无微不至的类型，他希望参与艺人从工作到生活的全部事情，掌控全局；而像我这种经纪人则需要有自己的时间，除了工作之外，其他事最好都不要找我。我需要假期，经营好自己的生活，但当我的客户在关键时刻需要我的时候，我一定会出现并且把问题解决妥当。

基于每个人的性格、价值观不同，爱的表达方式自然也会不同，这是正常的事情。比如故事里的母女，在老一辈的观念里，一家人理应在一起吃饭。而妈妈在等女儿的时候，心里肯定想的是女儿工作这么辛苦，连顿饭都吃不上，我又没什么事，就等等她吧；而青青看起来是一个相对独立，或者说对爱需要保持一定距离才会更舒适的小孩。

我前两天听一位朋友说了一个故事，她的公司资金流出现了一些状况，她妈妈担心她以后再也赚不到钱了，她回家的时候竟然发现家里厕所用的纸都是擦过嘴的，甚至为了省电，全家六点之后灯都不开。为什么会这样呢？其实就是她妈妈脑中的警报按钮被触动了，潜意识里觉得该节约了，转化到实际行为上又显得有点儿极端。当时我这位朋友很生气，她那么努力工作、经营公司就是为了让父母过上好日子，他们居然还需要用这样极端的方式来节省。很明显，这件事里的双方完全无法互相理解。

价值观念的不同，造成各方对同一件事情的理解截然不同。当然，在理解了不同角色对爱的表达、认知差异之后，这类问题解决起来也挺容易的。

面对略显沉重的亲情：适当"麻烦"父母

首先，不要压力过大，尝试换位思考，调整一下自己的想法。

比如上面的故事里，妈妈等自己那么久甚至还要饿肚子，在青青看来这可能是一个很严重的事情；但在妈妈看来，这也许并没那么严重，甚至她觉得这是一种对爱的投入，她替女儿做饭很幸福。其实青青的压力并不是来自妈妈等自己，而是来自自己觉得这件事干扰到了妈妈，打乱了她正常的生活作息。但很可能在妈妈那里，她是乐在其中的。

我也是到了一定年纪才明白这个道理的。

我从上高中开始住校，那时已不经常回家，和父母相处的时间很少。上大学之后，我就独立了，很多事情都自己处理，尽量不再麻烦父母。我在北京刚买车的时候，我爸执意要来看我。原因很简单，在他心里，我一直是个长不大的孩子，他觉得我的车技不熟练，担心我会出交通事故。不仅如此，他还买了一堆他认为有助于行驶安全的小物件。

我爸来北京之后，我们总会有一些冲突，我对他抱怨颇多。一方面，我觉得他买的那些物件没用；另一方面，南昌和北京的路况不同，他的驾驶经验于我而言，其实派不上什么用场。

有一次我对我爸说了重话，那是我第一次看到他伤心了。

他跟我说：“爸爸老了，对你没有用了。”

他讲这句话的时候，我非常震惊，也非常自责。我没有想到我的举动带给爸爸的是这种感受，而我明明是希望他看到我能干而不用再为我担心。那时候我才突然意识到：我爸的伤心本质，根本不是他做的这些事情本身对我到底有没有用，而是他所用的这种爱的表达，身为女儿的我竟然都不明白。想通了这一点后，我就开始学着享受他的这种爱。

其次，学会“麻烦”父母，让他们觉得被需要。

我后来再回家，就改变了和父母相处的方式。很多自己力所能及的事情，我也会尽可能地“麻烦”他们。比如帮我倒水、做饭、弄消夜。我在家的时间不长，一年也就那么几天，短暂地麻烦他们本质上也不会给他们的身体或者生活造成什么负担。但这样的举动，反而会营造出一种小时候的氛围，让他们觉得你什么事都需要他们的帮助，他们对你是有用的。后来，即便我不在家，也会时时找一些事情远程向他们求助。

最后，学会控制自己，不去评价他们做事的方式。

因为观念的差异，在"麻烦"父母的过程中，难免会与我自己的想法有出入。所以我学着控制自己不去评价他们做事的方式。有时候忍不住想评价类似"我觉得这事明明那样做可以更好，你为什么要这样做"的话时，我也会尽量控制自己，不让这句话说出口。在"爱"这件事情上面，我们都要学会理解对方，理解爱的表达方式是不同的，某些让你感觉压力很大的做法，也许对方却甘之如饴，你只要选择享受就好。

面对淹没自我的爱情：适配度很重要

试想，如果把故事里的母亲这个角色换成男朋友，问题就比较难解决了。

在这段关系里，女孩一看就是个比较独立的人，而男朋友则比较黏人，两人的适配度相对较低。就好比，多数人养猫都喜欢养黏人的猫，但我想养只独立的猫。我每天回家都很晚，能陪猫玩的时间很有限；到了第二天早上六点，我的猫会准时叫早，我又是一个需要十点以后起床的人，它这个行为严重影响了对我来讲很重要的睡眠。后来我就把猫放在了离我比较远的房间，放好充足的水、食物和玩具。

对亲情来讲，虽然没有选择，但我们可以基于"爱"，做到更大的理解、包容以及放松。父母给的这种不求回报的爱，你放松享受就好了——因为你也会无条件地去爱你父母，你也不会要求父母给你什么回报。

爱情和亲情不一样，我认为爱情是有条件的，是需求回报的，所以两个人的适配度就很重要。当你的给予达不到对方需求的时候，哪怕你已经竭尽全力，对方还是会不满意；反过来也一样。所以，好的关系一定是双方共同成长、进步的，且爱的浓度比较匹配。比如，你是一个容易在感情里极度投入的人，那你就得找一个对感情也非常重视的人；如果对方是一个极度热爱工作的人，感情对他来说可有可无，那么你的极度投入就一定会换来失望。《社会心理学》这本书引证了多位心理学家的实验调查结果，他们发现了一种**"相似性产生喜欢"效应**，证实了"物以类聚，人以群分"——拥有相同的态度、信仰、价值观，甚至生活作息习惯相近的人都更有可能会成为朋友、情侣、夫妻。

在投入爱情的时候，如果能有理性的思考是最好的。但绝大部分人做不到，因为这种情感是一种纵身而入的东西。或者说，你明知道将来会有些问题，但还是忍不住想要去投入，那么你就只能阶段性地去享受这段感情给你带来的好处。但你得接受在未来的某些时刻，这段感情带来的负面影响会慢慢显露出来，减少你的愉悦感，直至触及你的底线。比如，有的人会在爱情里失去自我。如果你觉得自我很重要，受不了失去自我这件事情，那你自然而然地就会放弃这段感情了。

总的来说，人作为社会性的动物，与生俱来就会有强烈的归属感，也就是和他人建立持续而亲密的关系的需要。人与人之间终生都会相互依赖，而如何处理好自己与家人、朋友、爱人的亲密关系，可能是伴随我们终生的课题。

操纵

MANIPULATE

守护好你的自信与边界

坤坤毕业之后，入职了一家规模不大的传媒公司。

入职第一天，在坤坤没有参加任何岗前培训的情况下，老板直接安排了任务："今天之内，把这个活动策划做出来。"

坤坤说："老板，我对这个项目前情还不大了解，能否发我一些参考资料呢？我好对照着来看看。"

老板怒斥："现在的应届生是越来越难带了，这也不会，那也不会，是不是以后什么都得我亲自来干？公司请你是干什么吃的？"

又有一次，坤坤做的PPT有信息错漏，被老板查到了，坤坤刚想张口解释，老板脸色大变："现在我这是在免学费给你上课，你还不服气是吧？现在被我说教也好过将来被客户打击！"

坤坤下意识地道歉："对不起，是我的问题，下次不会了……"

之后坤坤每次交付工作时都特别焦虑："是不是还有遗漏？可千万别再出问题，拖累大家的进度。"

到后来，坤坤每次踏进公司的大门就担惊受怕，心想："我真的有这么差劲吗？"

遇到职场PUA，不妨保持"渣男心态"

故事中的坤坤显然遇到了大家常说的职场PUA（情感操控术），老板没有搞清事实就用激烈的语言贬低他，不仅在工作上对他造成了困扰，还让坤坤产生了严重的自我怀疑。职场PUA与常规的负面评价或者批评建议不同，它是**带有巨大杀伤力的恶意贬低式评价**，会挫伤自信，打击心态，严重的甚至能摧毁一个人的内心。

不要感觉被情感操控这件事情距离自己很遥远，实际上它无处不在。因为人类的情感是复杂的、变化的，在不同的阶段、不同的情境，也会有不同的展现。我们歌颂父母对子女爱的无私，可控制欲强烈的父母会干涉子女的各种选择；我们赞美爱情的纯洁，但丧失理性的爱情会让人变得面目全非；我们说工作让人实现自我价值，但遇到糟糕的领导或同事它也能成为一个人的炼狱和深渊。那些看不见的操控，有人的本性使然，也有社会环境的助推。我们所能做的是正视它，并解决它。

到底什么是PUA呢

PUA又被称为"煤气灯操纵"。在《煤气灯效应》这本书里，作者罗宾·斯特恩（Robin Stern）对"煤气灯操纵"的描述是这样的：

煤气灯操纵是一种情感控制，操纵者试图让你相信你记错、误会或曲解了自己的行为和动机，从而在你的意识里播下怀疑的种子，让你变得脆弱且困惑。煤气灯操纵者可以是男性或女性、伴侣或恋人、老板或同事、父母或兄弟姐妹，他们的共同点就是让你怀疑自己对现实的认知。煤气灯操纵总是通过两个人实现——其中一人是煤气灯操纵者，播种困惑和怀疑；另一人是被操纵者，为了能让这段关系继续，不惜怀疑自己的认知。

不难发现，PUA是一种建立在信任关系里的控制状态，陌生人不能对我们进行情感操控，他们多半是用诱导或欺骗的手段对他人造成物质或心理上的伤害。

虽然PUA有明确的定义，但是很多人分不清**职场PUA**和**严格管理**之间的差别，有些人被PUA后，反而会自我反省，认为那是领导对自己要求严格，是帮助他成长。我分享两个关键点，希望能帮你分辨清楚这两者。

第一点，看对方提要求后会不会给支持。

比如，小C的老板要求她三天内做出一个方案，小C找老板说："三天时间有点儿太赶了，而且这类方案我们之前也没有做过，难度有点儿大。"小C的老板直接说："难也得啃下来啊！不然招你进来做什么？"这种是职场PUA，老板会对你提出过分的要求，但不给予支持。

如果小C向老板表达难处之后，老板说："不管多难，咱们得想办法解决，你看看是不是需要援手，或者需要看什么历史资料，我调给你。"这种是严格管理，因为老板提了要求，同时也会满足你的要求。

第二点，看对方会不会否认你的感受。

比如，小C被老板当众批评后，她私下找老板聊，说："老板，你当大家的面这样说我，我很不舒服。"老板回她："我对其他人也是这么说的，怎么他们都能接受，就你不能接受啊？"这种拿你和别人做无意义的对比、否认你真实感受的，也是PUA。

如果你向对方表达自己不舒服的情绪，对方承认你的情绪，并和你说："如果我的表达伤害到你的情感，我向你道歉，但是话糙理不糙，等你冷静下来再想想我说的对不对。如果还觉得我不对，可以再来找我谈。"这种是严格管理，因为他对你提的是工作上的要求，但同时会认可你情绪的合理性。

职场PUA和严格管理有一个共同点，就是会让人感觉不舒服，但是它们的不同点在于，PUA会把不舒服的原因归咎于你自己不对，而严格管理不会让人有这样的感觉。

那么，我们如何才能避免被职场PUA呢

第一，在认知层面洞察对方的目标，并找到自己的目标。

通过上面的内容，我们已经知道职场PUA就是通过打压、否定的方式，使人产生自我怀疑，然后进行情感操控，让人忽略自己的目标，把打压者的目标变成自己的目标。

比如，大部分老板的目标就是员工把工作做好，对公司忠诚，同时支付的薪资能在一个他可接受的范围内。所以，员工和老板的共同目标是把工作做好，但其他的部分是不同的，员工肯定希望钱越多越好，自由度越大越好，想跳槽的时候能随时跳槽。当员工向老板提出加薪的时候，擅长PUA的老板可能会说："年轻人不要太在意钱，不要忘记我们的初心是……"然后用情怀"画饼"，灌输他的理想。当你听到这样的反馈，你就能看见双方在目标上哪点是一致的、哪些是不同的，也就能轻松避免把对方的目标当成自己全部的目标，然后为对方的目标服务。

第二，在行动上选择忽略或离开。

我们先说"忽略"。很多人对PUA畏如蛇蝎，感觉自己遇到了也毫无招架之力。实际上，最低成本的反PUA方式就是不配合。也就是说，如果你能做到忽略它，那它就不成立。

我之前跟一个做广告创意的人聊天，他说自己老板在工作中PUA他。我刚好认识对方的老板，知道那人很擅长洗脑，性格自信又自大，对下属完全没有因材施教的意识。但有意思的是，面对这个老板说的同样一句话"你是理解有问题吗？还是脑子被门夹了？写的这是什么东西"，他手下的另一个员工却没有任何反应。后来我问那个员工："你老板这么说话，你怎么看？"他说："嗐，老板说得有道理我就听，没道理就翻篇，我忙得很，哪有时间顾及他的态度和措辞？"

一年后，我又碰上了这两个员工，我们来看看两个人态度上的区别：

找我聊天的那个员工说："我心里清楚老板对我不满意，觉得我没做好，我也觉得自己很糟糕。"

而不在乎老板言语贬低的员工说："我知道领导对我不怎么满意，但我又不是超人，完成好本职工作对得起自己就行。"

你看，后者能完全忽略老板的单一标准，那老板的PUA自然就不成立了。

之前在《奇葩说》节目中我给大家推荐过一种心态，叫"渣男心态"，本质也是在讲忽略。职场中的"渣男心态"，就是你要相信，自己才是这个公司最受欢迎的人。对老板的心态也是同理，有时间了可以花点儿时间哄他开心，没有时间就根本不在意他想什么。当你抱着这种心态处理职场关系，不管对方再怎么否定你，只要你不在意，那些攻击也无法影响到你。

我们再说说"离开"。如果你做不到忽略，那可以考虑离开，主动切断操纵的源头，去一家职场生态更健康的公司。

不过，有些人可能受环境影响或某些想法误导，认为离开当下的环境是逃避，是一种懦弱的表现。其实不是的，离开PUA是突破，也是勇敢。我们当然可以选择勇敢一点儿，不过从另一方面看这也是一种冒险，所以你要经过思考，并做好充分的准备。

面对父母的情感绑架，建立边界感最重要

在职场中遭遇情感操纵，我们可以选择忽略或离开，而对家庭关系里的类似情况显然要换一种解决方式。

要知道，当对自己很重要的人提出情感诉求时，摆脱其实是一件非常困难的事，很多人都难以拒绝。至少在我们固有且熟悉的文化土壤里，所推崇的就是子女要孝顺父母，因此面对父母的需求，子女似乎要天然地予以满足。再加上很多父母认为自己在亲子关系、家庭关系里处于支配地位，就总是想操纵或控制儿女的生活，他们跟子女的沟通里充斥着"你要对得起我和你爸（妈）的付出""你怎么能这样对我""我是为了你好"这类并非理性的控诉。他们的语言源头不是无意识的情绪发泄，而是有迹可循的情感绑架。

每个人的边界感、容忍度是不同的，每个家庭的边界感、容忍度也不一样，我们应该找到属于自己和自己家庭的边界感。但是大部分家庭只做情感交流，不做理性交流，子女跟父母沟通时也缺乏对自我界限的明确构建。

如果你和父母都对此没有清晰的界定，那么当他们向你提出他

们自认为合理的要求时，根本不会感觉侵犯到了你；而你为了考虑他们的感受或者出于孝心，答应了那些事，但事后回想起来还是会感觉不舒服。

亲密关系里绝大部分的问题产生，就是因为没有人有意识地去建立边界，导致大家在处理一些问题的时候按照各自的标准执行，最终理不清，剪不断，变成了一团乱麻。

所以，父母与子女之间也有必要**设置一个底线，说清楚彼此的边界在哪里，什么事情你可以满足，什么事情你会拒绝。**大家在边界之内付出，在边界之外保持独立，他们有他们的生活，我们也有我们的人生，这样相处起来家庭关系也会更融洽。

像我平时在工作中会接触很多艺人，遇到我家人喜欢的演员，我会帮他们要签名；或者我要跟他们特别喜欢的演员吃饭时，也会主动询问他们要不要一起拍个照。在与工作有关的事情上，就要格外注意。比如，我从来不会回答他们问的八卦问题，因为他们没有义务帮你保密，万一出了状况、泄露出去就会影响其他人。再比如，他们跟我说，朋友的小孩想到我们公司工作，能不能帮忙安排一下。虽然我能决定这件事，但我不会同意。我会告诉他们："可以给我发一份简历，我帮忙转给公司的HR（人力资源），让他跟其他求职者一样经过面试流程，面试合格就可以入职，不合格就不能入职了。"

没有表达清楚自己的边界，他们可能很难理解我为什么要拒绝。因为在我们的长辈那代人眼里，找熟人帮忙安排个工作特别合理。但在我的概念里，工作是工作，家人关系不体现在工作里，因为工作牵涉别人的利益，我不能因为自己的私人关系影响到其他合作伙伴。**不要惧怕建立家庭的边界感，我们设立它的目的不是伤害对方，而是相互尊重。**

别陷入另一半的情感控制

生活中我们经常会碰到这么一类人，这种人表面看通常对你很好，但其实他们总会拿这种对你的"好"来"道德绑架"你。

讲个有点儿极端的例子，我的一位男性朋友之前提到，有个女生追他的时候会强烈地表达自己对他的爱，做出一些偏激的行为，比如会在公司等他下班，如果不见到他就熬着夜不走。这个男生虽然觉得很夸张，但还是认为女生很爱自己，就接受了这份感情，但当他们真的在一起之后，这个女生又开始疯狂地向他要钱，天天让他买名牌包，理由就是"我为了你命都可以不要，你就为我花点儿钱怎么了"。后来这个男生实在受不了决定分手。在他拉黑这个女生后，这个女生会通过所有共同好友给他传话，说如果见不到他就不活了。我的朋友非常不理解，为什么这个女生口口声声说爱他，却又在不停地折磨他。后来他才得知，这个女孩同时在跟好几个人谈恋爱，但她每次面对他的时候，表达的爱意却又无比真诚。

我想这个女孩心里一定有个巨大的空洞，她需要一直生活在有很多的爱和关注的状态里，才能得到满足。所以在争取每一份关注时，她都会用非常极端的方式去表达。

对于这类人，我认为他们都戴着"人格面具"，因为他们没有办法面对真实的自己，于是一直活在自己想象的状态里，并且提供各种虚假的证据来支撑自己，相信"我"就是这样的人，从而合理化自己所有的不完美。这种人其实是需要去进行心理咨询的。

生活中遇到这种人一定要远离他，不管他表面说得多好听、他对你多么好，都不要跟他做朋友，也不要接近他。因为你在跟他的关系里就是个工具人，是他美化自己的一个工具而已，一定要认清这一点。

我们可以控制自己的人生，但不要试图操纵他人的一切。洗脑是低劣的手段，情感绑架也是残忍的剥削，所谓的"为你好"并不能遮掩它造成的伤害。或许操纵无形无质，稍不注意就会中招，但大家可以保持警惕之心，掌握摆脱的方法，守护好自己的自信与边界。

通透时刻

把你的感受画出来

清楚表达你的感受可以帮助你更好地了解这些情绪，并让你有勇气维护自己的权益。换个不同的方式——画画——也可以达到同样的效果。如果你觉得画画比说话舒服，你不妨通过下面这个练习帮助自己厘清情绪，继而采取积极的行动，关掉煤气。

第一步

在一张空白的纸上写上"我的观点"。在这个标题下画一幅画，描绘你的处境，或你和煤气灯操纵者之间的问题。在另一张空白的纸上列出"他的观点"，然后从他的角度出发，画一幅类似的画。

第二步

有时，给自己一定的时间消化情绪，看看它们对你有什么样的影响至关重要。所以，把两幅画放到一边，二十四小时之后再拿出来看。当你再看的时候，准备好另一张白纸，在纸上写下你再次看那两幅画时的想法和感受。也许这会给你带来新的观点，帮你发现隐藏在身体内部的坚定决心，继而采取行动，维护自己的权益。

——摘自《煤气灯效应》

[美]罗宾·斯特恩　著

爱管闲事

NOSINESS

无法专注的人
更爱管闲事

行政部的同事在工作群里求助："大家谁有时间？帮我们参考一下今年年会发什么年礼比较好。"

小薇第一个发言："我来我来，去年的那些有点儿不实用，我给你推荐几个好的……"

快下班的时候，前台同事牵着一个小孩子过来问："你们知道这是谁的孩子吗？一直哭着在找妈妈。"

小薇认出来，就马上说："这是采购部张姐的女儿啊，交给我吧，我帮你送过去。"

到快下班的时候，主管过来问："小薇，会议资料都准备好了吗？"

小薇看了看时间，一下傻眼了："还没有……一下午时间怎么过得这么快啊！"

到了下班的时间，大家都准时下班了，只有小薇还在加班赶会议资料。

小薇走出去之后，身边的同事吐槽："管一下午闲事了，我以为她都忙完了呢，闹了半天自己的活儿都没干完啊！"

小薇心想："是我多管闲事了吗？我只是想帮个忙呀！"

爱管闲事可不是"热心肠"

生活里爱管闲事的人，一部分是爱打听你私事的亲戚，逢年过节就问一嘴"什么时候结婚啊""找到工作了吗"，又或是以"性子直"为外包装、内核是没有边界感的朋友，这类人再热情也不会讨人喜欢。职场中爱管闲事的人，其实更容易招人烦，有时候是帮倒忙、无故增加别人的工作量，又或者频频出风头抢了别人的机会。故事里的同事吐槽小薇，也是感觉她"吃饱了撑的"，分内之事没做完，却对别人的事有操不完的心。

不过，在小薇自己眼里，她不会认为自己是爱管闲事，很大概率认为自己是热心肠，是乐于帮助别人，能从这些小事中获得他人的肯定和赞美也感觉十分受用。这能为她带来极大的情绪价值。就像之前在"上瘾"章节里我提到的有人沉迷放生一样，他们不是真的喜欢放生，而是把放生变成了一种行为模式，想从那件事情中体验到快感。

一个热衷于表面快感的人，可能根本没有机会体验那种因为深度做好一件事而获得他人由衷佩服的强大感觉，那就很难走出现在的状态，更不能以后者逐渐替代前者。

还有一种爱管闲事的人，通常是因为他们要做的事情需要特别专注，得投入极大的精力才能做好，而大部分闲事是小事，只要稍加用心就能应付自如，几乎都是顺手的事。他们在逃避深度专注地做某一件事的时候，为了不显得自己无所事事，就用一种热心肠的方式——通过管别人的闲事来显得自己很忙。所以，这类人本质上不是爱管闲事，只是因为无法专注，又不想承认这一点，于是选择了这种行为模式帮忙遮掩。

英国历史学家、政治学家西里尔·诺思科特·帕金森（Cyril Northcote Parkinson）在他的书《帕金森法则：职场潜规则》中提到：一个人可以在十分钟内看完一份报纸，也可以看半天；一个忙人二十分钟就可以寄出一沓明信片，但一个无所事事的老太太为了给远方的外甥女寄张明信片，可以花费足足一整天的时间——找明信片一小时、找眼镜一小时、查地址半小时、写问候的话一个多小时……

你有没有过这样的体验？同一件事情，完成的时间是有弹性的，可以是一个小时，也可以是半天时间。只要那个deadline（最终期限）还没到、你的时间还算充足，你就会不自觉地放慢节奏或是增添其他项目以便用掉所有的时间。比如，你打算剪辑一条视频，如果时间充裕的话，在打开电脑前你会给自己泡杯咖啡，切点儿水果，再看个综艺节目让自己放松一下。为什么要增加这么多的步骤呢？你可能会回答说："时间还早，我要调整好状态。"

结果呢？很有可能因为你不断增加的事情占据了原本计划用来剪辑的时间，导致你不得不在deadline之前紧赶慢赶地完成。当你不断填充一些没用的"元件"，在本需完成的事项内不断添加新任务，让工作量持续膨胀的时候，就会陷入帕金森法则的怪圈。最后，自己做的事情越来越多，效率却越来越低。

职场中经常有人抱怨自己"好忙啊，时间根本不够用"，但他们是真忙还是瞎忙，还需要打个问号。我有一个前同事，每天看着忙忙碌碌的，一方面是工作日程排得满满当当，另一方面是特别喜欢"给自己找事情做"，有时候连周六日也经常主动到公司加班。但是他的晋升之路并不顺利，每次年终考核都拿不到好成绩。

究其原因就是他只是看起来很忙，却没有取得亮眼的成绩。原本一个下午就能完成的报告，因为中途被闲事打断，硬生生要拖到晚上加班；客户对提交的策划案不满意，他本应该花时间跟客户好好沟通，找准需求点，从根本上解决问题，可他东一榔头，西一棒子，没有清晰的工作思路，中间好像为解决问题做了很多事，但大部分都是无用功。他的确花了很多时间在工作上，但是时间都花在了"肤浅工作"上。

什么是肤浅工作？简单来说就是一些浮在表面的、不用投入太多思考的事务性工作，比如，打电话、回邮件、整理资料、拆快递。值得警惕的是，这类工作只是让人感觉自己很忙碌，进而误以为这些工作很有价值，实际上肤浅工作虽然需要花费很多时间，但可替代性强，且对专业能力的提升几乎没有助益。

那种无论管不管闲事，都会让自己看上去很忙，实际上却把时间都花费在琐碎小事上的人，他们的特点就是**没办法在深度的事情上投入时间、精力和注意力，只能在琐碎的小事上打打下手。**所以，他们不是真的爱管闲事，而是需要借管闲事来证明自己没有闲着。

如何逃出"瞎忙"的怪圈

如果你意识到自己有这个问题，就要先搞清楚自己到底在害怕什么或者需要对抗什么，然后再想办法解决。根据大部分人的情况，我推荐两种方法：

第一种是有意识地做集中注意力的训练。有人是很难做到长时间专注做一件事，那么，可以先从半小时开始。每天列一个To Do List（待办事项列表），然后强制自己无条件地完成清单上的内容。在这个过程中，你可以营造一个相对能让人专注的环境氛围，比如找一间安静的会议室、去图书馆或自习室。

其实，这么做也能提高工作效率，你可能会在训练的过程中，找到合理安排时间的方法，明确哪些是当天最重要的事、哪些是最着急完成的事，在状态比较好的时候可以优先处理此类事情，对于一些非紧急的琐事可以放在待办清单的末位。分好小主次，把握小方向，张弛有度，高效工作。

第二种是尽量找到自己喜欢做的工作，把它当成主业。因为人在做自己喜欢的事情或者比较擅长的事情时更容易投入。如果一个人正要做的重点事情并不是打心底想做的，就容易用管闲事这个方式不断地逃避问题。如果暂时无法更换工作，那还是要想办法训练自己。比如，每天集中一两个小时解决这个问题，可以跟周围的朋友说好，如果他们发现你在管闲事就及时提醒，甚至以不理你的方式帮助你完成训练。

身在职场，事务性问题可以沟通和解决，习惯和能力问题也能想办法改正和提升，但最忌选择逃避。你可以热心，可以有团队精神，但它们跟爱管闲事是两码事，不要用逃避解决职场问题，不然最终被解决的很可能是你自己。

通透时刻

帕金森法则

工作会自动占满一个人所有可用的时间。

如果一个人给自己安排了充裕的时间去完成一项工作，他就会放慢节奏或者增加其他项目以便用掉所有的时间。工作膨胀出来的复杂性会使工作显得很重要，在这种时间弹性很大的环境中工作并不会感到轻松。相反会因为工作的拖沓、膨胀而苦闷、劳累，从而精疲力竭。

在行政管理中，行政机构会像金字塔一样不断增多，行政人员会不断膨胀，每个人都很忙，但组织效率越来越低下。这条定律又被称为"金字塔上升"现象。

——整理自《帕金森法则：职场潜规则》

[英]西里尔·诺思科特·帕金森　著

瓶颈

OBSTRUCTION

原地扑腾，难以突破，
处于瓶颈期的我该怎么办

一鸣一直是部门的业务骨干，从来没有考虑过跳槽或者转型的问题。

可这天，经理找一鸣谈话："你之后有什么打算？"

一鸣心里一惊："我紧跟公司大方向，做好下半年的工作计划和安排。"

经理意味深长地说："现在业务不好做，年轻人又青出于蓝，你到这个年龄了，可别不知道居安思危啊，最好有点儿上进心。"

因为这次经理的谈话，一鸣马上感到了压力，开始汇总手头的工作，还尝试上网搜招聘信息看新的机会，结果发现到他这个年纪已经没有多少匹配的岗位了。

电子商务这块儿新人辈出，很多新人在专业能力上都比他们这批最初的员工要强，缺的只是实战经验，薪资要求又比他们这批人低。

一鸣越想越焦虑：现在陷入瓶颈期了，想努力都不知道该往什么方向去，这可怎么办？

瓶颈期是事物发展过程中不可避免的阶段

很多人到了一定阶段都会遇到这样的状况——在一段时间里没有丝毫进步，甚至还退步了；职位已经到了公司或行业的天花板，很难再往上晋升；每天状态都很差，想要努力，但感觉无处发力。

有些朋友发现自己处于瓶颈期后会选择不内耗、不纠结，破罐破摔，"摆烂"；也有很多朋友在我的直播间问我如何突破，希望找到解法。我的观点是，其实**意识到自己已经处于瓶颈期时再寻求突破，已经晚了。**

不论是人生还是职场，到一定阶段必然出现瓶颈期，这是一个可以预判的事情。物理学上有个定律叫**熵增定律**，热量从高温物体向低温物体流动是一个不可逆的过程，带来的结果是——事物，包括我们的宇宙，会自发地向混乱、无序的方向发展。连宇宙都是这样，更何况你的职业，乃至你所处的行业呢？这个定律我讲得比较简单，但这个知识点对我的自我管理和公司管理都有着重要启发。简单说一下，就是事物即便发展在正确的道路上，按照它本身的规律不加干涉地发展，能量增加的同时一定会制造混乱，最后能量耗尽而亡。尤其是在组织管理上，就是当我在运营一家公司和很多人的组织时，我要提前预判有可能发生的能量爆炸出现在哪里，提前进行人为干预，让爆炸出现在可控的范围内，而不是真的消灭爆炸，因为纯粹消灭爆炸，能量也没有了。这里我们讨论的瓶颈期只是熵增定律前期的一种表现，它还有很多种表现，感兴趣的朋友，可以进一步查一下资料，了解一下。

很多人会认为"瓶颈期"是个困境，本质上是因为没有危机意识。一个事物或一个组织结构，随着时间的推移和世界的发展，到了某个高点就会自然而然地往下走。当你明确地知道这是一个在事物发展过程里不可避免的阶段，你自然会意识到当人处于高位时势能是最强大的，去开始一件新的事情、拓展全新的领域是最容易的。

所以在我看来，要避免瓶颈期最关键的是**提前预警——更早开始布局，创造下一个增长的可能性**。换句话说就是**对抗根植于人性里的安于现状，培养居安思危的意识**。一鸣就是在一个不错的岗位上原地扑腾，虽然还没沉到水底，但也没有前进，看到年轻人做事效率高又会焦虑，于是就陷入了"35岁年龄焦虑"的自我内耗中。

很多成功的企业之所以投资那么多不同的行业、项目，在如日中天的时候分大笔预算去研发新技术，就是害怕在核心业务遭遇瓶颈，又没有其他新的增长点时，企业发展的态势会自然下行。比如腾讯，在已经拥有QQ（即时通信软件）这样一个功能极其完备且拥有大体量用户基数的通信工具的情况下，又去做了一个新的通信工具——微信，为腾讯奠定了移动互联网时代的地位。作为个体也是一样，如果你永远在工作上只关注一件事情，一旦有一天你的公司或所处行业开始走下坡路，或者外部环境骤变，你一定会遭遇瓶颈。

拿我自己来说，我开了一家经纪公司，服务着很多艺人客户，但当我在已知范围内能学到的东西越来越少、给别人的东西越来越多的时候，这件事情带给我的价值感就变低了，且传统经纪行业的天花板已经可以预见。这时，我认为自己应该在瓶颈期到来之前提前准备，于是果断大踏步地进入了经纪产业的第二个阶段——从个人品牌到个人产品的转化。我拿自己做实验，开设个人社交媒体账号，创立了以"杨天真"的形象为核心的大码女装品牌"Plusmall"。

我是一个发现问题就会立刻解决的人，一旦我意识到自己将要处于瓶颈期，就会马上"加速"，具体行动就是积极寻找新的增长点。我一般会同时探索三到四个不同领域的业务，对比看看自己在哪个领域比较顺，哪个领域的逻辑是我能捋清的，哪个更符合当下的需求，如果过程顺利就全力推进，不顺利就及时止损，所以目前为止，瓶颈期这个问题在我身上不太容易出现。

除了事物客观发展的规律之外，职场上出现瓶颈期还有哪些原因呢？

第一是**个人认知瓶颈**。就像唱歌一样，你自身的音域最高音只能到high C，如果想向上拓展到high A，那最快的办法就是去找一个专业老师教你发声方法、对丹田和口腔的控制方式等。在提升个人认知这件事情上，寻找比自己高阶的老师带领自己前进，才可能有一个天翻地覆的变化。

第二是**现代社会分工过于细碎**。明明一个人能干的活儿，非搞出一条产业链。时间久了就很难培养出个人不依靠系统、独立生存的能力。

世界无常，坦然于此刻；
或是勇于破局，大不了从头再来

假设你已经处在瓶颈期这个进退两难的情况了，且想冲出屏障，解决方向有两个：一个是向内看，另一个是向外看。

"向内看"就是自我调整，退后一步，养精蓄锐。**会给你带来瓶颈期的东西叫作不确定性，而能战胜甚至征服世界上所有不确定性的就是你的反脆弱性**——调整心态，等待机会，再一鼓作气。有些事物能从冲击中受益，当暴露在波动性、随机性、混乱和压力、风险和不确定性中时，它们反而能茁壮成长和壮大，这就是"反脆弱性"。那如何训练自己的反脆弱性呢？这里推荐你阅读纳西姆·尼古拉斯·塔勒布（Nassim Nicholas Taleb）的经典之作《反脆弱》。简而言之，就是当事情出现不利局面的时候，仍然能利用眼前的有限条件，把事情往有利的方向牵引。

"**向外看**"就是打破这个瓶子。**大胆打碎眼前的局面，在混乱中寻找新的机会**。但凡在瓶颈期犹豫不决、瞻前顾后，到最后基本就放弃了。

不论你是选择"向内看"还是"向外看"，最重要的一点是**保持学习**。自身的能力足够强，哪怕出现更大的变化或危机，你都对付得了它。

我29岁创业，31岁的时候去读商学院。我发现我的知识结构和背景跟我所有的同学都不太一样，他们知道的好多东西我都不知道，我就有点儿慌张，开始回想我这么多年在干吗？我自认为已经很努力地工作了，但为什么他们知道那么多东西？很快我发现了产生差距的根源：我很久没读书了，即使看书也是看小说。因为工作的关系，我需要看一些剧本和小说，这也可以说是我的一种消遣，但会让我没有更多精力去读哲学、社科类的书，没有去更新自己对世界、我所处的行业、行业之间的关系的认知。意识到这个问题之后，我就重新回归读书这件事情。通过反复翻看一些书，去消化书中的观点，以这样的方式不断地保持学习状态，以促进自己的能力提升，这就形成了一个正向循环。

总结一下，瓶颈期是一个必然到来的阶段，我们最好在它到来之前，在自己处于高位或者顺境的时候做多手准备和布局，有主业有副业，分散自己的风险。

如果已经陷入瓶颈期，可以选择"向内看"，调整好自己的状态，等待下一个机会；或者"向外看"，打破目前的局面，最好的办法一定是保持学习，提升自身的能力。毕竟应对所有焦虑的最优解，都是保持学习。

通透时刻

反脆弱性

有些事物能从冲击中受益，当暴露在波动性、随机性、混乱和压力、风险和不确定性下时，它们反而能茁壮成长和壮大。不过，尽管这一现象无处不在，我们还是没有一个词能够用来形容脆弱性的对立面。所以，不妨叫它反脆弱性（antifragile）吧。

反脆弱性超越了复原力或强韧性。复原力能让事物抵抗冲击，保持原状；反脆弱性则让事物变得更好。

如何提升反脆弱性

1.杠铃策略。

是指给一个杠轴，两端加重，杠铃由两个极端条件组成，中间空无一物，也称双峰策略。

2.利用事物的不对称性。

不对称性存在于生活的方方面面，当获得的比失去的更多，有利因素比不利因素更多，就属于有利的不对称性。

——整理自《反脆弱》

[美]纳西姆·尼古拉斯·塔勒布　著

画饼
PIE IN THE SKY

我努力工作等升职，
领导却只会画大饼

又一次单独负责完一个项目之后，小齐主动去找领导谈话，隐晦地表达了以自己的资历和成绩应该有更高的职位的想法。

领导听完，对小齐说："你们那一批进来的人里，我对你寄予厚望，你确实表现出众，但现在公司只有主管职位的空缺，凭你的能力，只坐这个位置，太屈才了，所以才一直没有提拔你。放心吧，等项目经理的位置一空出来，绝对第一个提你上去。在此之前，你要好好干！"

小齐觉得老板在画饼，但是他想了想自己有一天比其他同期同事的职位都高一等的画面，决定赌一把，又兢兢业业地做项目去了。

半年过去，小齐还只是个专员，他再次去找领导谈话。

领导为难地表示："项目经理的位置要求任职主管的年限，算是个硬性条件，所以才没办法直接给你升职。你继续努力，部门里马上就要成立一个新的项目组了，到时候我直接提你过去，那个项目提成高。"

小齐觉得自己像一头拉磨的驴，年复一年，眼前那根胡萝卜却永远也吃不到。这一次，他还要不要相信老板呢？

被画饼的人其实是在逃避自己正处于弱势地位的事实

职场中，这种擅长画饼的老板、领导总是跟员工畅谈梦想、情怀，甚至有一套固定的话术："我从来没把你们当作下属，而是当作伙伴，所以我们一起打拼不仅仅是谋生，更是为了实现理想……""等公司上市了就分给你股权……""你一定要相信我，困难、加班、辛苦都是暂时的……"说得天花乱坠，实际上全是空谈。

可为什么还是有很多员工"前赴后继"地掉入这个陷阱，选择相信领导的饼呢？

首先，人的本性决定了人总是更愿意信任别人。心理学家玛丽亚·康妮科娃（Maria Konnikova）是研究欺诈方面的专家，她在自己的书《我们为什么会受骗》（*The Confidence Game*）里写道：**人类天生就倾向于轻易相信别人，这就是那些行骗高手可以把别人玩弄于股掌之间的原因。**

其次，本质上**被画饼的一方内心是不想承认自己正处于弱势地位的**，他不愿意面对自己是被选择或者即将被放弃的那个人，所以会通过将对方的行为不断合理化来让自己好受，主动接受被美化的结果。

这在两性关系中也很常见。通常双方发生矛盾的时候，受伤害的一方会不断将对方对自己的种种伤害行为进行合理化，认为对方一定有自己的苦衷。我收到过一个留言，他介入了一段婚姻关系，一开始是无意的，他自己并不知道，对方也没有坦白自己的婚姻状况。后来他发现了蛛丝马迹，对方在公众平台晒了自己和另一半的合影。两个人摊牌后，对方看似真诚地表示："我和我的另一半已经没有感情了，正处于分居状态，只是因为财产交割问题比较复杂，所以暂时没有办手续。你放心，我肯定会为了你而离婚的。"

他选择了相信。但过了一段时间，对方依旧按兵不动，而且仍然在公开场合和自己的另一半出双入对。在这段关系中，画饼的一方正是拿捏住了他希望跟自己建立一段长久关系的心理，于是给出了非常不切实际的承诺，而他依旧深陷其中，只会以"财产问题还没处理好"来将对方的婚内出轨行为进行合理化，进行自我安慰。

画饼者拿捏住你期待的那个被美化的结果，抓准这点，就获取了制作这张饼的原料。因为你渴望升职加薪，追求光明的前途，也希望能在工作中快速成长；因为你希望恋爱关系能修成正果，哪怕知道这些目标或结果是畸形状态，可因为那是你非常想要的未来，一旦对方抛出你想象中的美好结果，你就容易被对方的描述吸引，从而进入一个视觉盲区，并对里面的问题视而不见，还会不顾一切地马上为此买单。

所有会被空谈打动的人，基本上都是因为**对美好未来有预期，但是对现实认知有盲区。**

人在一生中的各个阶段都有可能被一些空谈或者画饼所困，就如案例中的小齐，他的领导综合考虑用人成本、性价比，觉得他这个人可用，但小齐的工作能力、业绩又没好到可以升职加薪的标准，于是领导就用画饼的方式来拖延。情感上也是如此，比如一方想结婚，而另一方不想，但不想结婚的人又因为害怕此刻失去对方而不断给对方自己根本无法兑现的承诺，以维持彼此的恋爱关系。很多人置身"画饼大师"的感情陷阱而不自知，为了对方许诺的空头支票，付出自己的时间、感情、金钱，然后在甜言蜜语中失去基本的判断力，总是抱着不切实际的幻想等待支票兑付的那一天，最后竹篮打水一场空。

如果你正在一段关系里被忽悠，那么，你要先建立直面"画饼陷阱"的意识：第一，承认自己在被选择的梯队里绝对是非首选的；第二，别先抱怨，看清自己所处的真实位置，别笃定自己确实还不错，也别相信别人确实有困难。

精准洞察"画饼大师"

在我看来，给别人画饼，多半带有一种欺骗性质。而被骗这个事情，我们一生都不太可能避免。

小时候会因为幼稚、不懂事或者不够了解这个世界而被骗；长大以后会形成固定的观点，容易被人找到弱点而被骗；老了以后会因为对情感怀有极大的期待，一旦被轻易满足就会上当，或者由于跟不上时代的变化而无法识破骗局。

分享一个经典的庞氏骗局，有一部纪录片讲了这样一个故事：

西蒙在交友软件上把自己伪装成帅气多金的钻石集团继承人，欺骗了多位女性。通常刚开始接触的时候，他会带对方坐私人飞机、体验奢华的晚餐，时常聊天，经常约会，并向对方坦白因为之前得罪过一些人，所以有时会为了逃避追杀不得不消失一段时间，还会时常发一些保镖受伤的照片、视频以自证。基于之前建立起来的信任，每一位女性都没有怀疑他的说法，甚至不会过多地询问他的状况。等到时机成熟，他就会开始行骗。比如他会说："我的信用卡出问题了，需要换绑成你的。"女方一想，以西蒙的身家不至于骗自己那一点儿额度，就欣然同意。第一次他不仅会还钱，甚至会转一笔更大额的钱到女方账户，而此刻，"杀猪盘"才正式开始。下一次借钱，他就会让女方拿着自己造假的钻石集团高额工资证明去贷款。最终，西蒙会消失，去其他国家开始新一轮的行骗。最终，多位女性找到媒体合力曝光了他的骗术。

这个男人就是典型的"画饼大师"。第一，他在同一个渠道（交友平台）选择好目标，找到她们的心理共性——渴望拥有美好的感情，当然，这份感情可能会发展为爱情，也可以是友情，并刻意伪装成她们理想中的样子时常陪伴；第二，他利用所谓特殊身份打消对方的疑虑，为自己可能经常联系不上等情况做好了铺垫。

再举个例子。我一个朋友的父母是退休教授，见多识广，按理说不该轻易被骗，但他们的的确确被骗走了所有退休金。他们后来反思，是因为那个骗他们的人给了他们一种儿子般的温暖，骗子会陪他们去旅行、看电影、去公园遛弯儿，付出了非常多的时间。而我那个朋友工作很忙，没太多时间陪伴父母。骗子帮老两口实现了孩子承欢膝下的梦想，也给了对方足够的信任，所以当他提出一个投资方案的时候，老两口没细问就直接转账了。

如果只是作为一个故事来听，你可能会觉得非常荒谬：这些骗子真是漏洞百出，稍微留点儿心就能揭穿他。但不得不承认，**那些能成功吸引人的空谈或大饼，都精准命中了大家最想要的东西，很多人面对这个"诱饵"时就失去了应有的冷静和清醒。**所以，当你特别渴望某个东西而它忽然出现，甚至是以完美的姿态出现的时候，你都应格外警惕。

设置好一个出口

有些画饼的行为让人感觉就像是坠入一种梦境之中，对方所有的行为、所做的事情都是朝着你向往的美好去的，当你身处其中就很难分辨对方的动机。**如果想要区分现实跟梦境，一定要设置好一个出口。**

就如同电影《盗梦空间》里盗梦团队会在进入搭建的梦境前设置一个口子，就是那个梦境里永远不会倒下的陀螺，这跟自我认知里的正确常识是完全对立的，他们发现不对的时候，就会意识到自己是在梦境里。

举个例子，钱是一个比较敏感的点，很多"杀猪盘"的始作俑者就是通过一系列的操作获取受害者的信任，加重自身的情感砝码，等到两个人的关系特别亲密后，再提到那些敏感的点也不会让人感觉不适。这是很多"杀猪盘"成功的原因。

但在有些人眼里，钱可能就是那个让自己警醒一点儿的口子。我有个朋友，每次谈恋爱都特别投入，但只要对方向她借钱，她就立刻分手，因为钱对她来说很重要，都是辛苦赚来的，必然非常在意。所以，借钱这件事情反而成了警钟。

现实生活中有很多人在投入一段关系前根本没有设置好出口，相处时总是无底线地退让，所以特别容易被另一半欺骗、被"PUA"（精神控制）。

如果你在职场中遇到了总是一遍遍描摹未来五年计划的领导，那你要对他的"洗脑"有一个大致的判断标准：第一，公司的业务确实在向前发展；第二，你能真实地得到回报，可能没有那么高，但你确实能拿到符合预期的回报。一旦遇到"空谈家"或"画饼大师"，这个出口能点醒你，帮助你回到真实的世界。这样才不会被对方成功洗脑，失去思考能力。

任何想得到好结果的事情都不能只画饼而不行动，工作、恋爱、交友都需要付出时间和真心。光张着嘴畅想的人，永远不知道脚踏实地。真正想做的事和真正在意的人，都不是挂在嘴边，而是放在心上的。

通透时刻

"迄今为止，我调查过的每起神秘事件都无非是有人受了蒙骗，或者太渴望去相信的结果。"但这并非受害者的过错，而是因为料敌机先者功力太深。如果你看穿了某些人，并做了充分的功课，研究了他们内心最深处的欲望、渴求、恐惧与梦想，那么你就几乎可以让他们相信任何事了。

人具有相信的本能。我们不能时刻识破欺诈，因为我们根本没有做好这种准备，特别是，当我们面对的是一位成功甚至伟大的人物时，我们会不由自主地相信他。掌握权力的人，无论这种权力有多么不实际，都是最适合布下圈套的人。

——整理自《我们为什么会受骗》

[美]玛丽亚·康妮科娃　著

通透笔记

轻言放弃者

QUITTER

因为害怕做不好,
我不敢开始

　　小杰和小开是大学同学,两个人都不是计算机专业的,但一直对编程感兴趣,当时PHP(页面超文本预处理器)是比较流行的编程语言,能熟练使用PHP的程序员,月薪起码五位数,两人都很动心,一起买了很多辅导教材,打算自学。

　　可才刚开始,小杰看着晦涩难懂的概念就头疼,小开约他一起去图书馆,他推托说:"我今天约了朋友一起打球,就先不去了。"

　　于是,小开独自去了图书馆。

　　后来因为还有常规课程要学习,渐渐地,小杰也就没在自学编程这件事上花太多时间了。偶尔翻开书看一眼,始终停留在他觉得很难的地方,没再继续往下学习,自然不可能写出什么像样的代码。

　　毕业之后,小杰又是忙工作,又是组建家庭,彻底放下了自学编程的念头,和小开也断了联系。几年后,最流行的编程语言已经变成了Python和GO,而他距离年轻时的编程梦想已经越来越远了。

　　偶然有一天,小杰在论坛刷到一个熟悉的网名,咦,这不是小开吗?小开发的帖子标题是"去做就会发现没那么难——我是怎么跨专业转行做程序员的"。

"如果当初不轻言放弃，成功的会不会就是我？"小杰想。

畏难是一种"人之常情"

小杰抱有一种"鸵鸟心态"，面对自己没那么有把握或是没那么想做的事情时，逃避、拖延几乎是人类本能的反应。

谁都想做轻松而且容易成功的事，但现实没那么美好，我们往往要面对一些挑战，面对这些难题，人自然会产生畏难情绪——这其实是你的潜意识发出的一种信号，它在告诉你，你要做的事是不会成功的，你还有某些能力方面的不足，或者资源不够，别做了。这是**畏难情绪产生原因的第一个层面——回避失败，不敢接受自己能力不足的现实。**

第二个层面是"时间感知失衡"，导致轻视未来。比如，为自己买一份20年后才会按月打款的保险，给孩子储备大学教育基金。当一件事情或者一个目标的时间设定在遥远的将来，就会给人一种不真实的感觉，现在的你无法站在很久以后的角度看待这件在当下看上去似乎没那么重要的事，以致在许多长期、重要的任务上拖延。

拿我自己举例：以前我的身体出现过一些小问题，但我不想耽误工作，就没那么重视它，一直拖着，直到小问题变得很严重，影响到我的正常生活，才赶紧去医院。其实根本没必要拖这么久，小病拖成大病反而更浪费时间。但是当时的我没有意识到未来可能会产生的严重后果，所以选择了"走捷径"——忽视它。

第三个层面，现代人从本性上来讲很难具备"长期主义"精

神。人们都希望自己做的事情立刻有回报，但凡面对需要长期投入或者短时间内看不到结果、得不到正向反馈的事情，就很容易放弃或者选择逃避。

总的来说，畏难是一种人之常情，能克服的不是寻常人，做不到也很正常，没必要责备自己。

当然，如果你真的很想克服这种情绪，或者你被迫要承担一些工作上的难题，也不必去跟人性"硬刚"。我在这里提供一个顺应人性的解决思路给你：**把令人恐惧的难度转化为分级奖励，学会用目标甚至是利益驱动自己，这样你自然不会把它当成难题，而可以将它看作一块蛋糕。**

具体来说，你可以给自己设定一个奖励机制，把那些你喜欢的小事情或者小玩意儿设置为奖品。比如吃甜食、看电视剧、玩游戏等，把难以达到的目标和能够使自己快乐的事情结合起来，安排好自己的学习计划和休闲娱乐，每完成一小项就可以奖励自己一次，不管是一块美味的巧克力蛋糕还是半小时的追剧时间，都可以。慢慢地，学习的过程对你来讲会变得愉快起来。

这是针对比较浅层的畏难心理的解决方案。更深一层的畏难，就不只是表现在心理或天性上的反应，还有关于**自我认知**和**目标设定**的偏差。

自我认知上：空有想法，离成功还很远

人们常常会不自主地夸大自己的某一个动作对最终成果的作用和价值。可以说，**过度自信是根植于大部分人思维之中的一种本能。**

我之前和一位朋友聊天，他说某部电影的导演跟他分享过一个故事，他给出了一些内容调整建议，后来这部作品拍出来情节就是按照他的思路发展的，但是这位导演并没有单独鸣谢他，于是他有点儿愤愤不平。要知道，从一个创意的产生，到打磨剧本，再到实际的拍摄，最终制作成艺术作品，中间有大量非常复杂的工作流程。实际上除了团队配合，仅创意本身导演就有可能问过二十个人，而这些人都给了类似的建议，导演才最终决定实施计划。但因为这位朋友看到结果与自己的故事暗合，就会觉得自己的建议厥功至伟，而看不清事情的全貌，所以对自我价值的判断失准，过度强化自己的作用，以致心态失衡。好的想法不是不可贵，很多伟大事业的起点都是精彩的想法，但光有起点是不够的，执行到位才是真正的竞争力。所以我建议大家，不要在看着别人做出精彩的事情后夸赞自己，说"我也是这样想的"，也不要在别人失败以后说风凉话"要是听我的肯定不会这么惨"，这些评论在实干家眼里都很幼稚，容易暴露酸葡萄心理。

　　再看故事中的小杰。他确实洞察到一些时代风口的先机，如果很早就掌握了编程的技术，确实可以拿到很高的薪水。但是，从有想法到做成一件事，这个过程看似很近，实则很远。如果大部头教科书读不懂，是不是可以找找视频教程，或是选一个线上课程跟着学？实现目标的路径有很多，**如果无法辅之以强大的执行力，洞察就一闪而过，**没有太大的意义。

　　所以，这类人其实不用太懊恼，也不必嫉妒成功的人，你要认清：**能够抓住机会的人，一定既具备洞察能力又具备极高的实践能力，两种能力缺一不可**，而你，还差得远呢。

目标设定上：
不是先立一个宏大目标，而是先走好每一步

另一种情况，畏难是因为给自己定的目标太宏大、太遥远，你当下的每天都确实很努力了，但是因为看不到对未来会有什么影响，很容易泄气。所以，当你真的有一个大目标的时候，你得把它拆解成小目标，且这个小目标是落实在日常行动上的、可被实现的。具体步骤如下：

把理想具象化，而非状态化——别在刚开始就立下"我要当第一"的"flag"（目标）。

大部分真正成功的大事，是由小事生长出来的，而不是在一开始就树立一个宏大的目标然后闷头往前跑。我问一位创业开服装店的朋友："你的职业规划是什么？"他说："我要做中国服装行业的头部。"我听到这句话的时候，会觉得这是个有点儿荒谬的目标，心想：你先保证这个月不亏损吧。人当然应该有理想，但是理想应该是具象化的，而不是状态化的。

试着把虚妄的想法转化为具体动作。比如，不要空想"我要当年级第一"，而是调整为"我要养成整理错题本的习惯，争取不让同样的错误犯第二次"这个具体动作；不要制定"我要做公司最佳员工"这个目标，而是先做到"接下来的三个月我要完成300万元的销售额"；不要成天想着"我要成为国际顶尖舞蹈家"，而是先"通过舞蹈学院的艺考"。

从大目标中拆解出最小行动，然后立刻行动。

有一本书叫作《微习惯》，里面提到，想养成一个习惯的最好方式就是从最微小的习惯开始。比如，你想养成每天看书的习惯，那就从每天抽出五分钟看书开始。微习惯的本质其实就是最小

行动。

我在一次活动上认识了一个北大的女孩，是一家自媒体公司的老板。她刚入学就开通了小红书账号，开始她只给自己定了一个小目标——日更利他的内容。在每日更新中收集数据反馈，逐渐找到了账号风格和受众。这个起始动作就相对实际。当然，在这个过程中她也一直在被奖励，不断有粉丝赞美她，点赞从几个到几百个，优质的内容换来了迅速涨粉的过程。之后，就有其他博主请她帮忙，说："你账号做得这么好，能不能来帮我们？"她觉得这时可以开一家公司，跟别人合作，一起把这件事情做得更好。

这就是比较正向的路线。她没有在大学入学那天就想着自己毕业前得开家公司当老板，如果抱着这种想法做事，她反而很难走到今天这一步。

同样，莱特兄弟制造飞机也不是一蹴而就的。他们把人类动力飞行问题分解成若干部分，通过使用一系列的风筝、滑翔机和模型，研究了升力、稳定性、动力和方向控制等各部分的细节问题，之后他们将这些发现聚到一起，解决了人类动力飞行这个更大的问题。

总结一下，很多畏难的情况是因为目标定得过高，且与你当下的生活没有关联，可以试着把它改写成一个小目标，顺势而为地生长，你可能会更容易实现那个大目标。

通透时刻

鸵鸟心态

英国社会心理学家托马斯·韦伯（Thomas Weber）指出：会有这种心态（指鸵鸟心态——编者注），是因为不愿意接受自己可能浪费了时间，犯了错，或进度已经落后的事实。但很不幸的是，那些逃避执行进度的人，往往也就是最需要追踪进度的人。

…………

心理学家托马斯·韦伯也建议：请同事提醒你进度，或设定一个自动提醒系统，主动来确认你的进度。韦伯的团队也发现，人们在心情好的时候比较愿意追踪自己的进度，也比较不会因为进度落后而责备自己，所以，给自己一个小鼓励吧！……你把头埋在土里越久，就越难拔出来，你需要试着谅解自己，才能打破一些旧有的恶习。

——整理自《幸福是一种智慧：日常生活心理平衡术》

[美]刘轩 著

通透笔记

相互指责

RECRIMINATION

为什么被甩锅的总是我

小艾最近心情不好，一回家就把自己关在房间里，吃饭都提不起精神来，周末闺密叫她出去逛街，她也无精打采的。

"你这是怎么了？"闺密问。

小艾无奈地吐槽："我最近简直就是公司的背锅侠，明明开会的时候老板要做的是销售目标拆解的策划，主管非要让我出个整合营销方案，结果被老板打回来重写，错过了最后期限，主管还甩锅给我，说是我的问题。"

"更奇葩的是，同事让我帮她带早餐，我帮她带了鸡蛋灌饼，没想到她是给主管带的，主管对鸡蛋过敏，最后也是我背锅，我怎么这么倒霉！"

闺密听了，反问她："开会的时候你不是跟你们主管一起去的吗？明知道他提出来的方向有问题，如果提前加会儿班做好Plan B（备选方案），是不是就不会错过交稿期了？

"你又没义务帮你同事带早餐，她也没特意交代不能买什么，她就是看你性格太软了，才甩锅给你的。"

小艾听了，不由得开始反思，如果自己处理得当，是不是就不会被甩锅了？

你的"职场人设"是什么

有些人就如故事中的小艾,在职场上容易成为被甩锅的对象,因为多数人都太想在职场上留下一个"三好学生"的形象——工作能力好、态度好、关系好。

这里我们用一个更流行的词——"人设"。这种"受气包"或者说"老好人"的人设其实在职场上并不占便宜。当你什么都"好"的时候,大家就知道即使甩锅给你,你也不会有什么过激反应。通常人们认为他对你做某些行为而不会出现严重后果或者自己不会遭受反噬的时候,就会更倾向于继续对你做出这些行为。

1974年,行为艺术家玛丽娜·阿布拉莫维奇(Marina Abramović)做过一场著名的行为艺术表演:她把自己的身体全部麻痹,不能活动,也感受不到疼痛,只保证神志清醒,她身边的桌子上摆了七十多件物品,包括水、羽毛、口红、花朵、匕首、剪刀、上膛的手枪、鞭子等,并立了一块牌子:"六个小时之内,你对我做的一切事情,责任都由我自行承担,你可以使用这些物品里的任何一件接触我的身体,一切交给你做主。"在活动的最开始,大家只是远观她,逐渐地,有人开始试探性地接触她的身体,发现她没有任何反应后,就开始加大动作,尝试更恶劣的行为,比如用口红在她身上涂画,用小刀划开她的皮肤,直到最后有人用上了膛的手枪顶住她的头部,被工作人员拦下,这场表演才算结束。

这就是人性中的阴暗面。当知道自己不必为自己的行为付出代价的时候,人就会肆意妄为。

在职场上，如果你有一个"别人对你提出任何不合理的要求他都不需要付出成本和代价"的人设，比如跟同事发生冲突，你会说"算了算了"；同事把不该由你完成的工作交给你，你说"那我再努力一点儿，再加个班把这件事干了"，那你的"职场边界"永远不会搭建完成，你的同事以后很可能就会持续"欺负"你。

一个健康的"职场人设"应该是：明确哪些事情能商量，什么原则不可侵犯。

举个例子：我录制过一档职场观察类节目，其中有一位女生，她在入职第一天就接到了紧急任务，需要第二天就提交项目方案，她在和甲方客户的会议上直言："我从不通宵加班，每天晚上十一点会准时睡觉。"会后同组成员虽然有点儿诧异，但还是尊重她的原则，其他成员选择当晚加班，她则"我行我素"准点下班回家了。第二天在老板的汇报会上，她把自己当天早起做的创意方案拿出来分享，得到了一致好评。之后大家聊天的时候，她才透露其实自己是两个孩子的妈妈，不通宵、把晚上的时间留给家庭生活是她的原则，在合理的工作时间内高效率地产出是她的工作方式。

这位女生的"职场人设"就做得非常好，她在明确知道自己能高质高效完成既定目标的前提下，鲜明地设置了自己的原则，划分了清晰的边界。未来如果真的有紧急项目不得不在晚上加班的时候，大家自然会对她格外照顾；当她因为帮同事分担工作而加班的时候，大家也都会觉得被充分地支持了。

好，读到这里，如果你判断自己是个"职场老好人"，并想摆脱这个标签，请暂停阅读两分钟，先思考清楚自己想要的"职场人设"究竟是什么。

这世界上几乎不存在完美且绝对公平的职场关系

从管理和制度上来说，职场甩锅行为的出现通常是因为工作中有权责的交叉，同一件事情涉及多个人协同配合，甩锅者可能占90%的责任，只有10%是你的责任，但有些人恨不得把问题100%推到你身上。因为他不能接受自己一个人处于被批评议论的风口浪尖，于是拉你垫背。

除了甩锅之外，权责不明还会引发一个常见的行为——"抢功"。相信大家或多或少都经历过被资历比自己深的同事抢功，被平级同事抢功，甚至被自己的顶头上司抢功，自己很生气但又不想跟同事、领导撕破脸的情况。

人们之所以对于所谓"抢功""甩锅"行为如此深恶痛绝，大概还是基于一个理想化的认知——职场是公平的，所以才会困囿于"凭什么我被抢功""凭什么甩锅给我"。但你要知道，现实中往往没有完美的职场关系，对于纯粹的公平的理解，本身就是一种偏差。我们只能去看这个公司是不是以"公平"为出发点来设立绩效机制的。而机制没有完美的，人也都会偏心，一个家庭里如果有几个孩子，父母还容易偏心，何况是职场。所以我们要理解职场里有一定的偏差，带着这个视角去设计自己的职场道路，而不是所谓"完全公平地展示每个人的价值"。

如果你是一位老板，或者中高层管理者，可以从制度上和任务分配上尽量明确权责，避免"甩锅"和"抢功"这种权责错位的现象；如果你是基层员工，从实操的角度出发，也有一些避免权责混乱的办法。

拒做"职场老好人"，把丑话说在前头

遇到问题推卸责任是人的天性。 戴尔·卡耐基（Dale Carnegie）在《人性的弱点》中阐明了这一人性真相："即使对方错了，他也不会承认这一点。"

我们很难要求其他人遇到事情就主动承担起责任，但我们能拿捏的是，职场中甩锅者在做出甩锅行为的时候一定会或多或少顾虑到双方关系是否可持续，以及拉你垫背是否会伤害到他自己。基于这一点，见招拆招即可。

最好的情况是在问题发生之前就设定好自己的职场人设：让别人知道伤害你是要付出一定成本的。生活中有些不好惹的人，会释放出一个明显的信号——"不管啥事都最好别惹我"，一旦惹了他，要不然这个人会暴躁地在公开场合和招惹他的人大吵一架，要不然他会很强势地维护自己的权益，要不然他会很无赖，总之最后会给惹到他的人带来很大的麻烦。

我小时候看过一本小说叫《寻秦记》。男主角项少龙跟好几方势力周旋，他首先决定辜负那个一定不会伤害他的女人。因为他觉得那个人地位最高，出事了受影响最小，且对他最好，所以不会把他怎么样，但别人可能会因为一无所有而要了他的命。

当然，这里不是鼓励大家去辜负别人，我只是想告诉你：**往往在遇到危机的时候，人会更倾向于选择伤害那个反弹最小的人，这是人的一种本能。你也不必因此责怪他，他只是没那么勇敢、承受力没那么强而已。**

也许你会说，我天生就不是个"不好惹"的人，真的很难装出一个气场很强的人设，那么请你记住一个方法叫作**"丑话说在前头"**。当你意识到某件事情的权责可能不是很清楚，会有甩锅和抢

功的风险时，你就要先去告诉对方和领导，谁负责什么事情，双方各自在什么时间节点完成，言下之意就是"出了问题别来找我"。

拿我来说，我是一个包容心非常强的人，对大部分事情没有那么在意，但是在人际交往时，对于在意的事情，我会提前给出预警：我非常在意某某事情，你不要惹我，不然需要承担后果。

如果你就是很软弱，不想张口拒绝别人，或者已经形成一个随意接锅的形象了，那么在遇到具体问题的时候，你可以根据具体事件重新划分边界。

比如你可以说，"这个事情我不想做，这次我会帮你这个忙，如果出现问题我们一起承担责任"；或者说，"这个事情我可以帮你，但是你欠我一个人情"；再或者直接告诉对方，"我帮你这个忙，你就是欠我一个人情，以后要还的，你想清楚要不要开这个口"。

回到开篇的故事，小艾老板下达的任务叫作"做销售目标拆解的策划"，而她的主管非要出"整合营销方案"，这时她可以选择对主管说：

"主管你看，这是我刚才做的会议记录，老板下达的任务是做销售目标拆解，交稿期限是本周日，万一最后做出来的东西他不满意，老板对咱们整个部门的印象都不好了，年底还会影响咱们每个人的绩效考核。不如这样，我们让另一位同事小汪参与进来，他来负责写整合营销方案，我来做销售目标拆解。"

"不听老板的就会影响咱们整个部门的绩效"，这就是"丑话"。

再看看代买早餐这个问题。主管过敏这个事实已然发生，锅已经在头顶了，这时候怎么办呢？

作为早餐的直接采购人，小艾最好先于同事承担责任，去医院看望主管："对不起主管，这个早餐是同事某某托我买的，她没说是给谁带的，也没提到不能买鸡蛋，我就顺路买了鸡蛋灌饼，我确实没考虑到这份早餐可能是给您的，实在抱歉。您的医药费我来承担。"以承担责任的方式把事实说清楚，就等于拿到了主动权。

最后总结一下，被甩锅、被抢功，有以下两个方面的原因。

一方面，可能是公司的制度或具体项目的分工方式存在一些问题，有一些权责不明的地带，就很容易出现甩锅或抢功的行为。

另一方面，你在树立自己的"职场人设"时，没有做好边界感的防护，给他人留下了一个"甩锅给这个人也不会怎样"的印象；或者在接手具体工作的时候，没有"把丑话说在前头"，没有划分好这件事怎么做，是谁的责任，如果出现了问题后果谁来承担。

在职场上想要说"丑话"往往没那么容易，但当你面对这种情况的时候，先想一想自己一旦被甩锅，后果你能否承受，如果你无法接受这个结果，就要事先把权责掰扯清楚，远离"甩锅""抢功"，避免不必要的消耗。

通透时刻

自测职场边界，看看你是哪种职场风格，如何应对不同风格的同事：

20世纪20年代，美国心理学家威廉·莫尔顿·马斯顿（William Moulton Marston）创建了一个理论来解释人的情绪反应，马斯顿博士将他的理论构建为一个体系，即"常人的情绪"（The Emotions of Normal People）。

DISC理论被广泛应用于世界500强企业，主要用于测查、评估和帮助人们改善其行为方式、工作绩效、团队合作、领导风格、人际关系等。

D：Dominance（支配型）

I：Influence（影响型）

S：Steadiness（稳定型）

C：Compliance（服从型）

扫描本书封底二维码关注"壹起天真"公众号，在消息栏发送"DISC"获取DISC行为风格测试题，测一测你的"职场人设"。

安全感

SENSE OF SECURITY

总觉得没有安全感，是我太"作"了吗

　　晓萌做了三个月的项目终于进入收尾阶段，因为赶进度，晓萌累得感冒了，在电话里和男友提起，男友只是说："多喝热水，好好休息。我跟同事约好时间要开电话会了，先不说了啊。照顾好自己，宝贝。"男友当晚再也没有发来其他消息了，晓萌也理解他刚刚升职，业务忙，就去睡觉了。

　　后来有一天，男友和公司同事一起去KTV团建，到了之后给女友发信息报备："我今天跟同事去KTV团建，你晚上先睡，估计我也顾不上看手机。"

　　临走的时候手机没电了，男友一想这么晚也没什么着急的事，就没借充电宝，让住在同一个小区的同事送自己回家后直接洗漱睡觉了。第二天早上看到女友发来的控诉："我前几天感冒了，你有要紧的工作，我理解，我懂事，我自己照顾自己，现在倒好，出去玩微信不回，电话也不接，你要干吗啊？昨天晚上到底去哪儿了？"

　　男友也挺不解："我刚升职，压力已经很大了，你还怀疑我？昨天手机没电了，让同事顺便打车带我一起走了！来，咱俩视频，看看我现在是不是在家。"他觉得自己努力工作也是为了两个人可以拥有更好的未来，女友不仅不信任自己，反而闹情绪，感觉很窒息。

两人最终默认了分手，却又都有点儿不甘心：明明在这段感情里付出了很多，也能感受到彼此还有感情，分开的决定到底是对是错？

这个故事可能是很多情侣或夫妻生活中的真实写照。晓萌因为男朋友工作忙碌被忽略了，在感冒的时候没有被用心对待，导致自己很没安全感，甚至疑神疑鬼觉得他会出轨；而男朋友觉得自己对晓萌的感情并没有变，只是因为升职后压力大暂时性地减少随时回应的沟通，他不理解对方为什么突然不信任自己了，还有强烈的负面情绪。在这段关系困境里有两组关键词："安全感"与"信任"，"我以为"与"同理心"。

我们先来说说"安全感"与"信任"。

在我看来，在一段亲密关系里，"安全感"和"信任"都不是最重要的，因为"安全感"是感受，"信任"是结果，都不是核心问题。<u>**亲密关系的核心问题叫作"关系对等"。**</u>

首先，从结果导向上看，信任不是靠单方面付出得到的，也不是靠单方面遵守承诺完成的。在朋友或者伴侣之间，我们总是会强调承诺，小到对方随口说出的一句保证，就如故事中男友答应女友随时可以找他聊天；大到不出轨、不背叛这种道德层面的约束。<u>**从承诺的客观组成上看，每一个承诺都有当下的大前提，时间、环境、人的状态、关系的热度等，去掉这个前提条件，它就失去了至少一半的效力。从人性上看，承诺天然是不靠谱的，这无关男女，也无关人品高低，只是因为人是会变的。**</u>

此时此地的你再真诚、真心地承诺，也不可能为明天的你负责。如果你是遵守承诺的那一方，当然希望另一方能永远守诺，但这个期望是非常缥缈的，你和他都有可能是不遵守承诺的那一方。所以你的预期如果设定为"承诺了就要相互信任，永远不变"，那你很大概率会失望。但你如果把预期设定为"我们相爱，相互需要，所以我们在一起，相互信任"，那就比较符合本心，发自自然。

举个我同事的例子。这是一位男生，有了一位固定且想长期相处的女朋友，他非常希望双方都能在朋友圈官宣这件事情，因为在他眼里，官宣意味着：第一，至少你目前认可这段关系，可以让你不留退路，且以结婚为大前提去恋爱，你后面再怎么变也没事，至少此刻真诚；第二，我们两个很好，很配得上彼此，应该得到大家的祝福。

他的女朋友却不愿意。她绝对没有想要找退路或者隐瞒的意图，只是她觉得自己的私事没必要公之于众，自己并不是什么知名人士，为什么要这么形式化地表现自己的情感状态。她认为，"只要此刻我们两个知道彼此相爱，自然就有信任"。

其实他们双方对这段感情都是投入且严肃的，只是安全感的边界和方式不一样。如果一定要求另一方妥协或者配合，很容易造成关系里的"委屈感"。这看似是一件很小的事情，但其实是因为双方处理私人关系的尺度不同，才出现了矛盾。两个人真诚地沟通了一番，最后的处理方式是：女孩带着男生见了她的闺密、关系好的同事以及父母，让她亲密的人见证了这段关系，但是不以"无差别信息告知"的方式去公众平台官宣。双方最终都认可了关系对等的标准，那就是："我们相爱，亲朋好友、业务伙伴都知道，没什么好刻意隐瞒的。自己的日子，自己过好就行了。"

其次，你可能正处于"不安全型依恋"的状态。《社会心理学》中有一个著名的"依恋理论"，其中"不安全型依恋"类型指的是在婴儿成长过程中，如果他对于照顾者天然的依恋没有得到满足，他就会进入一种没有安全感的状态，比如焦虑大哭。推演到成年个体就会体现在缺乏信任感、表现出较强的占有欲和妒忌心上。如果在一段关系中，你感觉自己有些过度追求"安全感"，是不是应该反思一下：你在其中是否处于"被照顾"的地位，或者说，相对来讲从对方身上获取情感、金钱的需求更大？

显然，故事中的女生晓萌对男友的情绪价值需求过高，导致她在这段关系中自然而然处于弱势方了。

现实中的一段关系里很容易有一个强势方和一个弱势方，强势方通常因为自己的相对优势而拥有更多的选择。所以与其追求对方给你"安全感"，不如想一想：

我们的关系哪里"失衡"了？

在这段关系里，我要怎么跟他"势均力敌"？

恋爱关系是如此，婚姻关系则更像是一个契约，好比跟人签一份合同，条款里一般会有个违约条款。假设违约条款的门槛很低，甲方违约只需要喝一杯酒，那违约的可能性就很大。而婚姻这个契约，是由双方在家庭里的贡献、付出各方面来平衡的，所以要求一个人不变化，从人性的角度来说，最好在这个关系中让他有所忌惮，追求"信任感""安全感"都不如追求"势均力敌"，公平地相互需要。

如何建立一段对等的亲密关系

第一，确定一个合理的预期。

不要把所有的关系都想象成完美关系，"从一而终""相濡以沫""琴瑟和鸣"是很多人受到文学作品或者民间故事的影响，从小就有的根深蒂固的对美好关系的期待。这个预期没有错，但并不是做不到这样纯粹就不是好的关系。现实生活中有太多的干扰项，会有种种状况。所谓合理的预期，核心是你到底怎么定义你与另一个人的关系，你们对这个关系最终达成什么目标有没有共识，以及有没有阶段性衡量一下彼此的需求和目标是不是改变了，你要不要选择跟这个人继续维持这段关系。如果选择继续，中间所有发生的事情都叫作"问题"，你去解决问题就好；如果不想继续，所有发生的事情都叫作"结论"，你一定能够做出决定。

第二，有了合理的预期之后，尝试站在对方的角度思考对方的困境，带着同理心与对方进行沟通。

这里我先单独提出一个词：同理心。从人性的角度来看，**这个世界不太存在"感同身受"**，因为我们很难想象别人的感受，我们只能从自己已有的且有限的经验中试图校正、对齐别人当下的情况。

"同理心"是一种试图理解别人的愿望，是不按自己主观想象替别人下结论的愿望。

我理解同理心也是有过程的。几年前我推荐我的一位艺人参加一个旅行探险类节目，有一集的策划方案是去国外参加一个自然界的冒险行动。我觉得这个想法特别酷，我就像个销售一样一直努力给他"推销"这个创意，他死活不答应。我印象很深，当时他跟我说："不是每个人都像你一样到陌生的环境会很兴奋，我就是喜欢安稳，所以我做不到在那样的环境里还能表现得很出色。如果我答应你去参加了这个节目，节目组工作人员的努力、我们公司工作人员的努力都会因为我不够精彩的表现而浪费掉。"他跟我讲完我就懂了，他无法在"冒险"环节中享受愉悦，我不能强迫他去参加一个在我眼中很新潮、我以为他会喜欢的节目，是我过于"以己度人"，而且我带着"我是为你好"的视角，更肆无忌惮地想要说服他。于是我表示理解，但是他在我不逼他之后，自己反而走出了一步，决定去尝试一下。

回到开头的故事，晓萌因为男友之前在自己感冒的时候没给到足够的关心，后面又因为他参加同事聚会手机没电而联系不上，导致了情绪大爆发。其实这恰恰反映出他们之间存在一些沟通的问题，说白了，他们的纠结和争执本质上就是他们根本没聊到一块儿。女方的需求是我需要你陪我、关心我——这是她安全感与信任感的根本来源；男方的反馈是我要努力奋斗让咱俩过得更好——这是他以为她需要的东西。

很明显，晓萌和男友对于这段关系的预期是不太一样的。晓萌是恋爱中的体验主义，注重两人的互动与情感交流；而男友看起来是一个务实的人，考虑的是两人未来的物质基础。其实两人都没有对错之分，两个人可以开诚布公地进行讨论，把自己的预期告诉对方，比如：

晓萌："我感冒那几天心态就会比较敏感，你可以在电话会结束以后给我留个言，或者过来看看我，也可以在小红书查查怎么应对感冒呀。细节决定一切。"

男友："好的，我知道了，那次确实是我的问题。我也希望你在我已经提前报备的前提下给我一些信任，听我解释，而不只是宣泄情绪。"

晓萌："我希望你也能把你心里所想的直接告诉我，在今天之前，我是完全没感受到你对我们的未来是有规划的。这样我会更没有安全感。当然，现在有了这个大前提，我会安心很多。"

越亲密的关系，越需要真诚直接地交流，而不是干等着问题自己化解掉。我们不能期待亲密关系会像一个固态且稳定的物质一样永远保证自身稳定不变，维护好一段亲密关系是需要双方不断地更新理解、重构框架的。

第三，解决问题或调整预期。

最好的情况是，问题在真诚交流后圆满解决。

同时推荐一下《非暴力沟通》，我看过这本书，也卖过这本书，去年我去听了一个专门讲非暴力沟通的课程，我发现自己对这本书的认知还是太浅，但是无论如何先推荐大家读一读，这本书能够更好地帮助自己厘清什么是主观判断，什么是客观描述，什么是情绪干扰。关于我在这门课上的经历，我会写在我的下一本书里。

如果问题经过真诚的沟通仍无法解决，或者说这段关系本来就是健康平等的，但其中一方还是违约了，比如出轨或者就是不爱了，那就没什么好讲的，很遗憾，你要接受这个结果并且调整预期，为最坏的结果做好准备："万一这段关系真的走入死胡同，即使离开了另一方，我也可以独立生存。"如果你提前做好了最坏的准备，底气和安全感就像一个金钟罩一样，从一开始就护着你了。

总结一下，你该追求的目标不是安全感，而是对等、健康的关系所产生的结果。因此，当一段关系让你开始想要"安全感"的时候，你应该先想想这段关系还是不是平衡、健康的，同时带着同理心做好自我预期管理，进行真诚的沟通。

通透时刻

　　根据心理学的依恋理论，依恋主要分为以下三种类型：

　　安全型依恋：安全型依恋的成人很容易和别人接近，并且不会由于对别人太过依赖或被抛弃而感到苦恼。这样的恋人也会在安全的，以及忠诚的相互关系中享受性爱。而且他们的关系趋于令人满意和持久的状态。

　　回避型依恋：这种类型的成人往往会回避亲密的关系，他们往往对这种关系表现出较少的兴趣，更倾向于摆脱这些关系。

　　不安全型依恋：在陌生环境中，这类儿童会充满焦虑地黏在母亲身边。母亲离开时，他们会哭泣；母亲回来后，他们却会对母亲表现出冷漠或敌意。成年的焦虑-矛盾型个体对他人也不够信任，因此会产生较强的占有欲和忌妒心。他们和同一个人的关系可能会反复地出现破裂的情况。在讨论出现冲突时，他们会变得情绪激动而且易怒。

——整理自《社会心理学》

[美]戴维·迈尔斯　著

节制

TEMPERANCE

自律不是每天五公里

　　工作完，娇娇开心地准备去吃饭，结果打开手机，被朋友们自律健身、吃减脂餐的图片给刷屏了。

　　娇娇看着镜子里的自己，暗下决心："我也要自律起来！"

　　当天晚上娇娇只吃了一点儿水果沙拉，晚上饿得肚子疼，直接失眠了。

　　有氧运动时间定在早上，娇娇得比原来再早起一小时，为了对得起自己饿的肚子和骤减的睡眠时间，娇娇每天都会精心修好减脂餐图片和健身照发朋友圈。

　　坚持一周之后，因为睡眠严重不足，导致娇娇在工作上回复串了两个客户的消息。

　　娇娇咬咬牙，重新调整计划，把运动时间改到了晚上。但加班本来就晚，回家再运动一小时，早上根本起不来。娇娇的工作状态越来越差，人都憔悴了，非但没有瘦，反而还有些浮肿。

　　娇娇困惑极了："为什么别人自律能越来越精神、状态越来越好，只有我让自己的工作和生活都一团糟呢？"

假自律与真自律

人们往往会羡慕别人展现的积极状态，进而来对标自己，好像自己没做到别人那样就是罪大恶极。娇娇眼中的自律是每天坚持自己并不擅长的运动，而别人在朋友圈中展现的自律实际上是工作的日常和真正的爱好。

阿德勒在《洞察人性》这本书里提到：

> 虚荣心常常被伪装和掩饰，以至于它呈现出各种各样变化的形式。
>
> ············
>
> 人们习惯于用更好听的"雄心"替代虚荣或者傲慢这些说法，以此帮助自己摆脱困境。……"精力充沛"或者"积极活跃"这样的词也经常被替换使用。只要这种力量证明自己对社会有用，我们就会承认它的价值，然而，"勤奋""活跃""精力"和"进取"等通常不过是换种说法来掩饰不同程度的虚荣。

所以，故事里的娇娇展现的其实是一种"假自律"——她希望展现自己有活力、精力充沛的一面，以此让自己的形象更好，让别人更愿意承认自己的价值，这也是人性中虚荣的一种表现。

随着社交媒体在日常生活中的渗透，我们与他人的距离变得越来越近，其他人随时随地的分享也会营造出一种焦虑气氛。有的人看着别人精致健康的生活，再对比一下自己的一成不变，好像不努力进步就是一种罪过，自律似乎成为一种新的成功标准。其实，你根本没必要因为"假自律"而引起自我焦虑。我们只能看到别人想让我们看到的那一面，对于社交网络背后的故事我们一无所知，因此没有必要过度关注网络，不要被动接收太多信息，以免给自己带来过多的焦虑情绪。

那么，什么才是"真自律"呢？

大家都知道Keep（一个运动软件）的口号是"自律给我自由"，这句话出自《巨人的工具》（一本很厚重但是给我启发很大的书，我在我的短视频中曾重点介绍过）。我觉得这句话很妙，充满了辩证的思考。自由能给人带来快乐，是因为人在大多数事情上都自律了，这种被管理过的欲望在释放之后才能享受到快乐。但每个人自律的方式其实是不一样的，<u>**"真自律"的人一定都掌握了自己的"自律配方"。**</u>

意志力的失败并不是个人软弱的表现，而是由复杂的心理情感和社会因素混杂在一起的结果。我们都羡慕那些每天坚持健身、坚持读书、坚持写日记、坚持思考复盘的牛人，但是生活里的绝大多数人都做不到各方面的绝对自律。比如一个学霸可以坚持每天学习，却坚持不了每天健身；而一个健身达人可以做到天天健身使自己精力充沛，但是只要拿起书本就犯困。你能说他们不自律吗？当然不是。所以，我们应该追求的是某一个或几个自己力所能及的自律，而不是要求自己做到全方位的自律。如果一个人看上去面面俱到，各方面都很完美，没有任何毛病，那我就得揣测他很大概率过得很不开心。因为人又不是机器，怎么可能没有情绪出口、没有惰性？

找到你的自律配方

我曾经说过一段话被很多人攻击，我说："我就是想活得开心，吃东西让我开心，所以我就不减肥，因为为了减肥而不开心，对我而言也是一种伤害。"很多人就攻击我说："你就是不自律，你就是好吃懒做，你就是给自己贪吃找借口！"这个问题我认真想了很久，我真的那么不自律吗？我的结论是，总体而言我还是一个挺自律的人。我每天的工作时间在十二个小时到十四个小时之间，我对所有的工作节奏都有着严格的把控，不允许浪费时间，我对自己的行为举止也有着严格的要求。

在我力所能及的对时间和行为的把控上，我已经做到了足够自律，所以在"吃"这件事情上的自由就是我给自己调配的快乐配方。如果再有人跟我说："你连自己的身材都管理不好，凭什么大言不惭地谈自律？"我就会回复他："你连北大都考不上，凭什么讲中文？"这两句话背后的逻辑是一样荒谬的。我把我的精力和时间分配在我认为重要的事情上，而不受他人影响觉得外形对我是很重要的干扰，不在自己不在意也做不好的事情上浪费时间精力，这本身就是一种自律。

如何做到真自律

很多人想要成为一个自律的人，就感觉自己方方面面都需要改善，信誓旦旦地列下一堆任务，每一个任务都要求自己做好。结果最后大部分都没有完成，一通操作下来只收获了挫败感，觉得自己太没用了，啥都做不好。这种自责和负罪感不会成为自律的动力，相反，为了避免失败，往往自己就直接选择"摆烂"，自律也就成为一纸空文。

那么，如何做到真自律呢？在此分享一下我的方法。

1.停止自我批评，培养长期思维。

你对自己的批评会让大脑接收到一个信息——"我这么做是不对的"，继而停止自控。放松心情之后，大脑接收的是奖励信息，就更容易坚持下来。

人类和其他动物的关键区别就在于人类有长期思考的能力，所以很多人不会在收到工资的当天就去把钱花光，而是会思考如何储蓄。形成自律思维的前提是把你做的任何事情都看作自己对未来的投资。比如，如果多读一页书，未来的自己就会更聪明一点儿。换句话说，找到一种方法，把现在的自己与未来的自己联系起来，以便让延迟满足成为自律的动力。

2.减少目标，或是调整方式。

你不是懒，只是因为任务太多、太杂而失去了重点。什么都想做好，最后变成了什么都做不好。在短时间内只能完成一件事的情况下，选择那个你最想放在第一位的目标，既要……又要……还要……最后的结果就是一无所有。

有位朋友和我说："你坚持不了运动，是因为你做得还不够多，如果你一直坚持跑步，就一定会爱上。"当然，可能是因为他对其他人说过同样的话，且别人真的爱上了运动，所以他理所当然地觉得每个人都一样。可我真的尝试过，并发现自己确实觉得这件事非常无聊，根本无法享受其中的乐趣。后来我换了一种方法，去找那些我觉得有意思的运动。我和朋友去爬长城，虽然我爬得不高，但也走了上万步；去环球影城玩一整天，也走了两万多步。我发现，我虽然没有办法做那种重复动作的运动，但可以在可变换的环境里行动起来。爬爬山、划划船、游游泳，这些运动我是愿意的，那么我就创造一个可以让自己享受其中的环境去运动。

3.制定细小且可量化的目标，避免形式主义。

形式主义只能带来精神镇痛剂的效果。很多人给自己制定的目标是笼统的，比如，今天要去图书馆学习三小时，好像只要在图书馆待够三小时，就心安理得地认为自己完成了今天的学习任务。其实真正应该制定的是可量化的目标，比如在三小时内完成一套模拟试卷，检查学习中存在的问题并针对问题进行有效解决。

4.不要对自己太苛刻，尝试借助他人的力量。

有时候自己和自己较劲确实会丧失动力，这时候可以换一个思路。比如，你想培养自己读书的习惯，那可以加入一个读书群，这样就有一群人一起阅读，还会有人提醒你打卡；你想考研，那就和其他人约好时间一起学习。以良性的氛围鞭策自己，更容易成功。

希望大家都能找到自己独一无二的"自律配方"，既能得到自律给我们带来的人生进步，也能享受自由带给我们的人生快乐。

功利

UTILITARIANISM

功利交友，
最后竹篮打水

怡姐是一家公司的普通职员，有两年工作经验，但业绩平平，升职无望。今年组里来了两个新人——小美和娜娜。两人来公司的第一天，细心的怡姐就发现小美是跟部门总监有说有笑地一起上楼的，难道她是老板的亲戚？怡姐对小美一直有意无意地"照顾"，不仅带新人的时候教小美教得分外用心，有些急活儿需要加班的时候也只留下看起来老老实实的娜娜加班。

娜娜对这种差别对待并不抱怨，工作倒是也蛮认真。怡姐有时候把难搞的项目顺手甩给娜娜，同时常常在总监面前夸小美。怡姐想着，新人考核期结束后，小美顺利转正，自己岂不是卖总监一个大人情？

三个月之后，娜娜竟然把谁都不看好的烂尾项目给盘活了，考核期一过娜娜就升职为小组长。至于小美呢，确实是总监朋友的女儿，但只是想在留学之前有一个实习经历，几个月后就出国了。

人际交往中，只看利益得失与否，到头来很可能竹篮打水一场空，这么功利的心态，真的健康吗？

过度的功利心会让人成为利益的奴隶

"天下熙熙，皆为利来；天下攘攘，皆为利往。"简单来说，利益交换即为功利。每个人都想要过上更好的生活，因此大多数人都在这样的原始驱动力下力争上游，可是这样的上进心与功利心之间仅一线之隔。

约翰·斯图尔特·穆勒（John Stuart Mill）在《功利主义》中就曾经提出过"最大幸福原理"，即人生的终极目的，就是尽可能多地免除痛苦，并且在数量和质量两个方面尽可能多地享有快乐，而且其他一切值得欲求的事物（无论我们是从自己的善出发还是从他人的善出发）都与这个终极目的有关，并且是为了达到这个终极目的。就像故事里的怡姐一样，她在职场结交所谓朋友的时候就怀有某种目的性，希望跟总监"关系"不错的新人能记住自己对她的好，在未来没准儿就能给自己说上句好话，帮自己一把，或是通过别人的嘴把话传到总监耳朵里。

功利心太强的人通常会给自己设定一个远景目标，自己所有的社交关系都围绕着这个目标去服务。因为目的性太强，每当发现自己所经营的关系无法为目标服务时就马上抛弃，转向下一个，完全忘记了**关系的根基是"情分"而非利用价值**。这就使得很多追名逐利的人沉迷于短期、快速的收益，做事情的时候只关注涨薪、晋升，而不是经验的积累、关系的沉淀、客户的维护，长此以往，自己的人际关系越来越差，职业道路也越走越窄。

过度的功利心让人失去对奋斗的渴望。看几本书就懂得人间真相，看几个视频就能拿捏人心，做几个项目就期待实现财务自由。仿佛自己做事的中心都是为了实现那个目标，达不到或者需要时间和精力的事情，那就不值得做。功利心就是这样毁掉了"学习""积累"的过程，把人变成了利益的奴隶。

如何避免功利心过度

第一，不要以利益为唯一导向。

我从29岁开始创业，在此之前也是个靠拿工资、奖金过活的普通人。我从来没有给自己制定下"多少岁就要赚到一百万"这样的目标。**以利益为导向的思维习惯会把我们的认知孤立成一个具体的点，这些点之间并没有产生关联。**比如，在工作中我如果只关注"做好某一件事（点）我就能升职加薪（另一个点）"而忽略了团队合作、目标设定、维护客户关系等其他的关键点，这样的利益诱惑只会形成功利心，而无法达成事业上的成功。"如何把工作做得更好"比"这个工作什么时候兑现回报"更加重要。完成了工作上的积累，等到真正变现的时候，再去释放自己全部的能量。踏踏实实从基础开始积累，比梦想着攀关系、撞大运更加靠谱。

在人际交往中尤其忌讳唯利是图。积极结交比自己强的人是很多人所认同的功利心的一部分，但在长期的关系经营中弄明白自己的资源优势是什么，比单方面对他人提出需求更加重要，也就是说要做对等利益交换的向上社交。在任何关系中抱着"用得上"这种心态去结交别人，通常都会以失败告终。而且，很多资源和地位都是会随着时间推移而发生变化的，需要以一个长期的、变化的眼光去看待关系。急功近利的人只看重眼前利益，当下无利可图就马上抛弃，所以无法维持好长期关系。以我自己的经验来看，真正有用的关系都是以彼此真诚、互利为大前提去维持的。

第二，所有走过的捷径最终都要补回来。

从小到大，我们都没有一个体系化的教育方式来教我们如何做人，"怎么做人"是靠每个人实践出来的。很多人向我提问，问生活里的困扰还有工作里的茫然，问题有时候很小，却无一例外地希望我的回答就是一剂特效药。有了这剂药，他们的人生就不再烦恼。他们不想听那些认知和系统，也不想听什么底层逻辑，更没有耐心一步步去实践，只希望药到病除。

人生那么长，学会一些人情世故的小伎俩让自己的路走得顺当一些，这并没有错；但如果把自己的重心放到钻营这些技巧上，带着目的与人交往，而不是付出真心和时间去了解一个人，这样的关系就像空中楼阁，不会长久。和练武术一样，你要先练内功，有了心法才会有具体的招式。功利心就是招式，而真正能让我们走得长远的是内功，是属于自己的能力和价值系统。好内功加上好招式可能会天下无敌，坏内功（或者没有内功）加上花拳绣腿的招式，很大概率会走火入魔。

约翰·穆勒在《功利主义》中对于走捷径的功利心有着一针见血的解释：

> 出于人性的弱点，人常常会就近选择眼前的利好，尽管他们清楚其实价值反而次之。
>
> ············
>
> 我相信当他们被迫沉迷于低级趣味之前，事实上已是无力再追求高级趣味。在大多数情况下，对高尚情操的追求犹如一棵脆弱的嫩苗，不但很容易被恶劣的环境所摧残，并且会仅仅因为缺乏足够的养分而枯萎。对大部分青年而言，如果他们为之奋斗的职业，即社会给他们定格的位置难以使他们对高尚情操的追求付诸实践，那么这种追求就会很快夭折。因为没有时间和机会，他们逐渐丧失了理性层面的高尚品位，最终失去了雄心壮志。

在我看来，当下社会中真正有用的功利心是了解自己，有能力与他人建立起信任，懂得实现双赢。我们需要做的是**让功利心成为自我成功的驱动力，而不要让自己变成一个被功利心驾驭而失去自我的人**。

虚荣
VANITY

太爱面子，
有错吗

婷婷工作之后，经常被朋友们请到家里去吃饭。

有一天，朋友问："咱们什么时候去婷婷家聚一聚呀？"

其他朋友都纷纷响应："是啊，我们还没去过婷婷家呢。"

朋友们的家都又大又整洁，小区环境也很好，而婷婷只是在老旧小区合租，跟大家一比，差距太大了。

为了让大家都觉得自己过得特别好，婷婷第一时间去App（应用程序）上找民宿信息，在一个环境很好的小区里短租了一天大两居，买了特别多的食材，邀请朋友们来家里吃火锅。

朋友们一来，都纷纷感慨："婷婷，你家好大啊！租金不便宜吧？"

婷婷有些得意地说："还好啦，住了这么久了，也没觉得有多贵。"

其中一个朋友发现这套房子居然还有个露台，惊呼道："婷婷，你家还有露台呢！我们下周能再来你家聚餐吗？露台上烧烤太有感觉了吧！"

婷婷只能硬着头皮答应。

为了保证下周朋友们还能过来这里烧烤，婷婷只能又短租了两天，这样一来大大超出了她的生活费预算，吃了一个月便宜外卖，钱包才算缓过来。

为了在朋友们面前充阔气，让自己过得这样捉襟见肘，有这个必要吗？

虚荣是我们每个人几乎不能避免的状态，我们都喜欢听到赞美，喜欢掌声，享受别人羡慕的眼光。但即便虚荣是必然存在的，也要考虑它在自己生活中的配比。要知道，虚荣带来的这些赞美，本身不是你创造的，或者说这本不是属于你的，但是你又忍不住想要展现这些浮于表面的东西，因为你喜欢由别人对自己的好评或是恭维带来的一时满足。当一个人虚荣的配比大到一定地步，或者说他的人生需求中如果只有虚荣，他最后很容易变成一个"漂流瓶"——内心空空，只能随波逐流。当然，还有一种极端危险的结果，就是越过法律和道德的底线去追求扭曲的欲望。

虚荣的副作用一：
放大一些感受，引人误入歧途

我看过一部叫《紧急呼救》的剧，讲了一个故事：一个男孩因为小时候抢救了突发心脏病引发车祸的校车司机，成了当地的英雄。他从小巡回演讲、接受勋章和奖金，被所有人赞美；长大后，这个男孩加入了消防队。因为无比怀念当年被万众吹捧的感觉，他在执行任务的时候就会故意把人逼到生死边缘，再抢救回来，以彰显自己的功德和伟大，并获得荣誉。然而他也总有失败的时候，一些伤者本已脱离危险，但他又使用一些手段使伤者重新陷入险境，有时候没操作好，这些人就真的被他害死了。事情最终败露，英雄男孩变成了杀人犯。这就是个极度虚荣到有点儿"变态"的例子。

陷入虚荣的人往往会放大一些感受，走入一种心态误区，而忽略事情的本质。比如这个剧里的男孩，他小时候的见义勇为最本质的价值在于救人，但其实他享受的不是真的挽回一条生命的快乐，而是被关注、被赞美的快乐。生活中，有的人疯狂健身，特别注重身材管理，因为身材好而受到他人的赞美，到最后心态变化，慢慢就会贬低那些身材不好的人，觉得其他人身材不好就意味着不自律。其实回归本源，健身是为了让自己健康，把身材和自律、人的价值绑在一起，显然就已经背离了其本质，其中就有虚荣的推波助澜。

虚荣的副作用二：
虚张声势，让人活在自己创造的假象里

有个剧叫《虚构安娜》，女主角出身于普通的工人家庭，因为读了设计学院，所以对所谓"上流社会"的生活方式非常了解。她假装自己是即将继承一大笔基金的"富二代"，住在纽约的高级酒店，见到服务员就给100美元的小费（当然这也是骗来的钱），通过他们传递自己是个有钱人的信息。她参加一些所谓"高端聚会"，结识高阶层的人，用"造梦"的手段和最简单的信息传递施行了骗局，当然最终她还是被发现是个骗子，锒铛入狱。要知道，所有利用社会漏洞和人的虚荣心设计的骗局都不会长久。

我们在生活中是有需要适当对自己进行"包装"的时刻：比如去面试的时候，要让自己穿得体面；就像我作为经纪人去见品牌的公关，也尽量拿这个品牌的包或者穿这个品牌的衣服，起码不穿这个品牌竞品的服装，这样会显得自己"识相"，也是一种专业的体现。这些包装是我们的"借势"，是手段，不是目的。我们不能持久地活在我们创造出来的那个形象里——谁每天过日子穿着套装和高跟鞋？如果把你想象出来的状态和自己真实的状态模糊在一起，或者区分不出你期待中别人眼里的你和真实的自己，就很容易产生怪罪心理——怪罪自己

或者怪罪周围的人，甚至对拥有你想拥有的东西的人横生嫉妒之心。

所以，虚荣本身不是一个大事，但是由此带来的问题会很大。就像糖尿病一样，本身没有什么症状，但它会引发严重的并发症。

我自己也有类似的经历。比如说有一阵子我会很爱出风头，迷恋那种大家觉得"你好棒，你好厉害"的感觉，然后我就想不断创造刺激性的东西来满足自己的这种快乐。但时间久了我就发现，**虚荣就是为了别人的评价来让自己辛苦。**我后来算了一下账，发现这根本不划算，为了虚荣去付出的那些努力只是在不断满足别人的喜好，而自己其实啥也没得到。

洞悉自己陷入虚荣状态的时候，我意识到要调整自己。这个调整本质上是可以接受自己不好，可以接受有些事情自己做不到。

你发现了吗？**虚荣本身是一种虚张声势。**

很多真正成功的人都非常谦虚，因为他不需要虚张声势；而很多想把自己包装成成功人士的"土豪"，喜欢把大logo（品牌标志）穿在身上，因为他需要这些浮于表面的东西来强调自己的身份，传递一些信息，让别人第一时间识别自己的某个特质。比如，有钱、有地位——名牌成了一种帮助别人识别自己身份的工具。

一个人如果虚荣的配比过高，其实正说明了他还没找到自己真正的价值所在。在找到之后他自然就会明白，什么是只满足他虚荣心的事，什么是他真正喜欢和想要做的事，自己内心到底在意的是什么。

虚荣幻象的破解之法：
划分自己的"能力圈"，寻找内心真实的需求

很多虚荣行为的产生是缘于我们对美好生活或其他更好的东西

的向往，这是非常合理的。但我们得清楚认识到**每个人都有自己的能力范围，姑且称之为"能力圈"，划定这个圈的标准有个人能力的强项、短板，包括财力范围等**。活在自己能力范围之内，我们会轻松自在。而虚荣往往会让人活在一个假的能力圈内，一直在一个需要踮脚才能够着的状态里，人就会特别痛苦，长期这样对自己是一种伤害。像故事里的婷婷，特别希望通过住大房子来"挽尊"，让朋友都看得起自己，反而加重了自己的经济负担，到头来还可能失去了朋友。

现实生活中还有很多朋友被虚荣心掌控，控制不住自己的消费欲，向我寻求解决之法。在这里也分享一下。

一个是**建立合理、正确的消费观，在理性的范围内随心所欲**。理性地认识到自己一个月的收入是多少、要存多少钱、要花多少钱，划分好比例，坚决不因为虚荣而透支。

另一个重要的点就是**弄清楚你的需求究竟是真需求还是伪需求**。拿买包举例，你是看重它的款式可以搭配不同场景的穿搭需求，还是需要它结实耐用？是为了出席一个重要的场合让自己显得体面，还是单纯只是因为大家都有所以你也要有？有些需求其实是"伪需求"，比如很多家长为了孩子喜欢"无脑"消费，但孩子可能根本不需要穿成那样，也不需要报那么多课外班，只是家长害怕丢了自己的面子而已。

总结一下，人应该清楚自己的虚荣只是阶段性、暂时装点的东西。回归生活的本质，就要服务于自己真实的需求，认识到自己的"能力圈"范围到哪里，脚踏实地，不断地去拓展自己的"能力圈"，而不是在虚荣的幻象中去创造一个假的"能力圈"。如果沉迷于后者，可能会为此付出惨痛的代价。

通透时刻

　　若个人以获得认同作为自己最强烈的欲望，那其心灵就会因该欲望的刺激呈紧张状态，其心底就会不断明确追逐权力与优越感的目标。为朝该目标进发，其将表现出昂扬的斗志，对成功的期许由此将贯彻其生命始终。这种人将终日思考他人对自己的看法，时常忧心自己给他人留下的印象是否恶劣，对于生活本身却不再留意，这必将导致他无法跟上实际生活的节奏。他受这种生活方式作用，不光在行动的自由方面大不如前，还得到了一种最突出的性格特征，即贪慕虚荣。

——摘自《洞察人性》

[奥地利] 阿尔弗雷德·阿德勒　著

三分钟热度
WHIM

做什么事情都没常性，
就注定失败吗

小欧看到周围很多人滑滑板以后蠢蠢欲动，滑了没两天，小欧感觉自己练不明白，技术动作也学不会，滑板就被闲置在家了。

之后小欧又迷上了打羽毛球，照样打了几天就没再碰过买回来的球拍了。

没过多久，小欧嫌工资低，直接把工作也给辞了。

他长到这么大，干什么都是三分钟热度，工作没个定性，谈恋爱也没常性，干什么都图新鲜，过不了几天就没兴趣了。

习惯了这样的生活态度，很难再改变，可一直这样三分钟热度下去，弄得自己一事无成、虚度光阴，将来要怎么办？

"三分钟热度"的本质：
人都会喜新厌旧，害怕受挫

如故事中的小欧一样三分钟热度的人，一方面表现在兴趣比较广泛，另一方面表现在不愿意做深度研究，因为不愿意受挫。人在研究新鲜事物的时候，初始阶段会比较容易收获快感，再深入的时候就需要花时间、精力，甚至下苦功夫，到这一步很多人就突然停止了。还有另外一个层面的原因，在互联网时代大家好像都变得更急躁了，别人在网络上展现的事事都能成功的状态，让每个普通人都看到了"可能性"，造成对自身能力的误判，以为自己只要稍微尝试一下也能和别人一样。

当然，我不认为这是一种"问题"，因为人的本性中多少都会有些喜新厌旧。经济学中有一个规律叫**边际效应递减**，举个例子，比如你是个大美女，你的老公在和你初相识的时候很爱你，疯狂追求你，但婚后他天天看到你，美貌的作用就会慢慢消失，两个人就需要在婚姻里去寻找新的能制造出新鲜感的事来让感情的热度持续。一个东西如果长期只在一个地方发挥作用，作用是会减弱的。就像我在拥有人生中第一个名牌包的时候非常开心，恨不得天天背着它出门。但现在我就不会在购物之后产生当年那种快乐的感觉了，因为奖励的刺激变小了。

所以，**人的成长就是不断找到新的兴奋点的过程**。要想不断获得新的刺激，就得找新的目标和方向，很多人的欲望膨胀了，但实际拥有的东西却没匹配上自己已经进阶的欲望，就会产生类似喜新厌旧的感觉。多数三分钟热度的行为，实际上就是人在追求新的刺激和体验。

MBTI测试里的一个人格类型——ENFP就是相对典型的"三分钟热度者"。当然，事情都是一体两面的，能成为一个好奇心旺盛、对世间万物充满想象力和探索欲、乐于接受新事物的人，已经比那些嘴上说着啥都想尝试但实际上完全没付诸行动的畏难者强很多了，因为至少跟他们相比你已经走出了那最难的第一步。这三分钟的热度，其实已经是你的体验和试错过程了，而且你还在其中顺便拓宽了自己的认知广度。要知道，你只是没有把这一段热爱延伸更久而已，没人规定喜欢一件事就要持续一生不变。

三分钟热度的人注定无法成功吗

我不认同喜新厌旧的人注定无法成功，或者三分钟热度的人注定无法成功的说法。任何一种个性都有可能成功，要看这个人是在什么样的环境里做什么事情，如何管理自己，对于这种个性是无意识地放纵还是有意识地管理，这些都是有区别的。

如果你发现了自己有这种特质，首先，**在职业规划上就要扬长避短，发挥自己的性格优势。**你可能更适合工作内容会不断迭代的或者是拓展类的工作，比如销售、商务关系搭建、直播团队的选品等，这类工种都是不断在找新东西，需要不断发现新客户、新品牌、新产品的。

其次，**虽然你可以去选择相对适合自己个性的职业，但人生中总有需要建立深度链接、认真钻研的东西。**

举个自己的例子，我非常喜欢买衣服，刚工作的时候有点儿积蓄，我就经常去批发市场以麻袋为单位买衣服。多年以来，其实我也为自己爱花钱而心怀愧疚，甚至没想通自己到底为什么这么爱买衣服。直到我做大码女装，看到满屋子的衣服，我能瞬间分辨出版型、面料、设计风格的时候，我才意识到，正因为我有这么多年的实践购物经验积累，让我对针对胖女孩的服装有了真正的体会，所以我的品牌定位、产品设计都非常准确，没走弯路。

从今天看未来，你很难知道自己感兴趣的事情是否对自己有长期价值。如果不卖衣服，我觉得买衣服这个行为只是个兴趣爱好。但是当我卖衣服的时候，这个事情就变成了一种经验积累，产生了巨大的价值。

那么，如何在无数的兴趣中找到值得长期投资的事情？

第一，在能力允许的范围内选一个经济层面无压力，对自己没有伤害的事；第二，考虑好如何让兴趣爱好产生新的附加价值，让爱好为自己所用。比如你喜欢骑马、冲浪，那就想办法成为一个"专家"，或者多拍一点儿照片发朋友圈和其他社交媒体，让这个爱好成为你的社交工具。

很多人打着研究新事物的旗号在对抗焦虑、打发时间，这就是一种无意义的行动。我在这方面还算清醒。当我买一些无聊的东西时，我会非常清楚地知道它们对我毫无价值，研究它们也毫无意义，它们存在的意义只有消解我的负面情绪，让我情绪平稳。对于这种无意义的兴趣，就要先自己梳理一轮，调整后再去尝试，但凡你觉得有机会且适合自己往深处去做的事情，就要训练自己耐着性子去做。

最后，对于开篇故事里小欧动不动就辞职这件事，我确实不太认同。现在流行一个词叫"裸辞"，相较于上一代人，这一代年轻人的确有了更多选择的资本，他们有底气以不断更换公司的方式去寻找自己更想做的工作。但确实还有一种情况是，很多年轻同事抗挫力差，遇到一点儿小挫折就难以面对和处理，于是选择用结束这份工作的方式去转换赛场，以回避困难。事实上，一走了之并不能真正解决问题，你依然只能在一个问题上原地打转。年轻的时候可能还行，因为成本低，犯了错前辈也愿意接受你，但到了一定年龄阶段，你就会发现自己很被动，因为你并没有真正掌握任何能力。

所以，年纪还小的时候确实试错的机会多一些，但在这个过程中，要学会可以实实在在谋生的能力，如果没有沉淀下来自己的核心能力，只是在一些外部不满意的时候就选择逃避或者逃跑，那很不幸，最终被时代的浪潮淘汰的可能就是你。

X因素

X-FACTOR

成事的重要特质——主动

　　小薇最近被安排做公司年度重点项目的负责人，但她发现推进起来非常困难，找领导诉苦一番之后，直接放弃了。领导就把项目交给青青做。

　　没过多久，青青在做项目过程中，遇到了一个专业技术问题卡住了，来找小薇请教，小薇却说："车到山前必有路，你要不先搁置一下，没准儿过两天转机自然就来了。"

　　青青问："可摆烂解决不了问题呀？"

　　"公司又不是我家开的，做不成的话老板自然会想别的办法。"小薇理直气壮地说，"我又不是老板，操心那么多干什么？"

　　青青受不了事情做到一半停滞不前的状态，在自己的人脉库里找到可能链接到业内大牛的朋友，成功和前辈建立联系并请教，攻破了卡点，几个月之后，顺利带领项目组获奖。

　　青青作为项目负责人也直接升职了，成了小薇的顶头上司。

　　做事的态度可消极，亦可主动。在不知道前路如何的情况下，你有勇气主动出去吗？

被动逃避还是主动选择

　　我经常收到这样的求助："天真姐，我开会的时候不敢向领导表达想法，工作态度很认真却不受重视，存在感低，感觉随时会被替代……如何才能改变这样的状况？"

大多数人都有一个心愿是"被给予"，或者生活在一个相对公开透明的环境中，只要把自己的事情做好，制度就能保证自己得到相应的机会。其实，主动能力也被设计在整套社会分配机制里。**主动是重要的能力砝码。只有主动地尝试，才能获得新的能量，才能获得自己被肯定的机会。**

这一章节的关键词是X因素。在我看来，这个X就是能让你超越平庸的东西。我们不谈天赋，只谈能掌握在自己手中的那一点儿最关键的因素——主动。

当下各种唱演类节目总会在固定曲目里给参赛者留下一个X part（创意段落），这其实就是给人一个主动展现自我实力和想法的机会，有人会选择原创一段乐曲，有人会选择乐器独奏，有人会选择展示舞蹈才能……总之在有限的时间发挥无限的想象，拼尽全力。当然，也有人选择中规中矩，照章办事，最后很大概率不会获得特别好的名次。

被动逃避是人天性中的懒惰带来的必然动作。我也偶尔会犯懒，比如某一天突然不想早起，有一天完全不看微信不回消息。但是，这种偶尔的偷懒是我针对不影响人生大方向的那些琐碎小事创立的一种休息机制，在那些会对人生有重大影响或者是事业机会的事情上，一旦洞察，我会马上行动，主动出击。

主动最大的障碍——学生思维

人人都可以主动，主动的最大障碍不是能力不足，而是学生思维。

学生思维最核心的特点就是被动。总要等着被安排工作、被检查结果、被打分、被评价。

学生时期，我们被规定好了目标、任务，细致到每天写什么作业，以每周每月的大小考试成绩作为判定阶段性学习水平的标准……但是，把成绩搞好和把工作做好完全是两个逻辑。学生要做的是闭卷考试，而职场是开卷考试，甚至是要自己给自己出题的考试。带着闭卷考试的心态来参加开卷考试，那挂科的肯定是你。

很多建议大家如何工作的短视频下方，常会有一条高赞评论："拿着三千块钱的工资，干吗要操三万块钱的心？"这句话没有问题，但首先，这个操心，其实不是为别人的工作操心，而是为自己的成长操心；其次，你可以选择只关注眼前，但是随着时间的推移，当你有可能跟不上节奏的时候，你也要知道，这是你选择的结果。

举个例子，我毕业后进的第一家公司，有一位同事突然离职，他离职前负责筹备几场发布会，但是供应商、对接人、场地租赁等细节工作都没有交接，他整个人就消失了。

当时我入职一年左右，在公司也算半个新人，但我在学校做学生会主席期间办过多场大型活动，我觉得自己能搞定整个发布会的筹备，就主动向领导争取：这个工作可以由我来接手。接着我给那位同事写了一封很真诚的邮件表达我的诉求，核心意思是说："我现在真的很需要你的帮助，我知道你离职这么不愉快肯定是有原因的，但是我只需要你提供几个联系电话给我。"后来他回复了，把这些联系方式都给了我。在当时我是以一种救场的方式完成了这个项目，之后老板就非常器重我。

这看上去是一个工作机会，但实际上当时没人愿意接这个"烂摊子"，但我对自己的能力有预估，知道自己很大概率能搞定，即便联系不到这位同事，我也有办法找到新的供应商等对接人，只是费点儿劲。**其实，越是遭遇危机或者越是难办的事且没有人做的时候，你往前冲会获得越大的回报。**

有人会问："如果我没有这么强的信心和能力，面对一份'救火'式的工作，也能主动争取吗？搞砸了怎么办？"我的回答是，也能争取，但可以不用争取那么多。比如，我们当时有五场发布会要做，你可以承担其中一场，或者拉着一两个同事合作完成。

还有人可能会担心："这么做会不会太冒进，或者过于出风头了？同事会不会对我有想法？"

第一，本质上你跟同事之间是竞争关系，你没见过赛场上哪位运动员因为在意对手的评价而选择故意输掉比赛吧？

第二，主动争取不仅是在聚焦的场合做出风头的事，比如在领导开会的时候举手发言，直言不讳地表达想接这个任务；主动争取还有很多种方法，比如，你很想在年会上表演节目，就可以在朋友圈发一些自己翻唱的歌，平时也可以主动组织大家一起出去唱歌，这样年会的时候大家肯定会先想到你。**主动争取的姿态，也是一种对他人的日常性影响。**

学生思维的另一个特点，就是总说"我还没准备好"。

在学生阶段，我们的时间是被安排好的，每年什么时候放寒假、暑假，什么时候开学，什么时候考试，自然会知道可以偷懒和需要发力的时段。但工作是没有这样的固定周期的，每天都可能发生新的事情。**突发性是职场的常态，而工作中对你提升最大的往往就是突如其来的重大机会。**

不要说"我还没准备好"。在职场中永远没有"准备充分"的时候。老板交代一个任务问谁想认领，你觉得自己可以，就大胆争取，而不是总说"我不行、我不会、让别人来"。那样你永远不会被看见，还会失去所有好的机会。

职场有不同的阶段，包括成长阶段、冲刺阶段、平稳阶段。绝大多数人都处于成长阶段和冲刺阶段，对这些人而言，就该大胆冲。**没有人拉着你往前走，你需要自己做自己的发动机。**

但大胆冲的前提是有一个发力点。比如说，今天你要去游泳，不能穿件泳衣就往下跳，至少得学会一种泳姿才能下水。不要求你会潜水，或是有高端装备，但你至少得会一种游法，哪怕是狗刨呢？

我刚开始创业的时候，也觉得自己什么都没准备好，不会管理公司，不会看财务报表，运营公司需要的所有手续都搞不明白。但我的发力点就是业务能力强。当然我的业务能力也有短板，那我可以边干边学，也可以找合伙人去合作，让他们来处理我不擅长的板块。没有人会在打工的时候去学习怎么管理一家公司，路走到这里了，自然就是边干边学。当你到达那个位置、争取到机会之后，相应的资源、配合都会走向你，自然会更容易接近你想达到的成就。等在原地的话，这些资源都会离你而去，你是没有机会得到的。

我用人也不太会去考虑员工有没有某项新业务的相关经验。我会看他是不是一个聪明人，是不是积极进取。如果是，那把他放在一个他没有做过的事情上是完全没问题的，因为一个聪明人知道如何从经验中去学习。

如果有人愿意给你机会，你还得到了这个机会，最好的结果是你在机会里获得了成长；最坏的结果也不过是你体验了一下，发现不太行，还得回去继续准备，但是你会更明确地知道自己不行在哪里，它帮你验证了你的能力短板。

无论如何，机会都是要主动去抓的，因为归根结底，它其实没什么不可承担的结果。为什么我总是可以一往无前，因为我给自己的设定是："你本来就一无所有，还有什么怕失去的？"

通透时刻

　　当我刚起步时，我拒绝过很多机会，因为当时我想"我这个水平还胜任不了这项工作"或是"我对这个领域还不了解"。现在回想起来，在某个特定时期，迅速学习并做出成绩的能力才是最重要的。如今我常跟人提到，当寻找你的下一个目标时，其实没有所谓的完全合适的时机。你得主动抓住机会，创造一个适合自己的机会，而不是一味地拒绝。学习能力是一个领导者必须具备的最重要的特质。

——摘自《向前一步》

[美]谢丽尔·桑德伯格　著

讨好型人格

YES-MAN

为什么我越讨好别人，越难获得认可

婷婷是公司出了名的老好人。

只要同事开口找她帮忙，她绝对会一口答应下来，结果耽误了自己的工作，忙也没帮好，不光没讨好，还得罪了人，弄得自己身心俱疲。

婷婷在部门群里说话也小心翼翼，生怕一不小心说错话得罪了人，就连一不小心发错了一个表情包都要后悔好几天。

组长给她布置的任务不合理，婷婷也不敢吱声，只能自己加班，但这根本不是一个人能完成的工作量，最后没能按时完成，反而被组长嫌弃她拖慢进度。

婷婷只是想让大家满意，为什么好像越弄越糟？

成长过程中被打压是形成讨好型人格的罪魁祸首

其实人在幼儿阶段就已经懂得讨大人欢心了，因为讨好的结果是能获得玩具和零食、得到夸奖。但为什么并不是每个人都会发展成讨好型人格呢？多数还是跟成长过程中的教育环境，或者说原生家庭的影响有关。

有些父母工作忙，平时会忽视孩子的感受；也有些孩子可能是单亲家庭或父母长期不在身边，受到同龄人的排挤，从小缺乏安全感等，这些经历都会给孩子留下心理阴影。如果没有及时得到疏导和开解，这些孩子为了不再受到伤害，很有可能会养成讨好别人的习惯。一旦他的讨好得到回应，获得心理上的安慰，他就会对这种行为上瘾，逐渐形成讨好型人格。

还有些父母，会对孩子进行过度鞭策。我有个朋友是一家上市公司的CEO，事业有成，却是典型的讨好型人格。他考全班第一，他爸说不行，你得考全年级第一；后来他考了全年级第一，他爸还说不行，你得持续考全年级第一。不管他多优秀，都无法让他的父亲满意。我能理解他的父亲是想用更高的要求来鞭策他，怕孩子取得一定的成绩就骄傲了，但很多父母并不知道，过度鞭策其实是在摧毁孩子的自信心，讨好型人格也会在这个过程中形成。孩子在成长的过程中，被提出了过多的要求，一旦这些要求没有达到就不会得到爱的鼓励，孩子自然会不自觉地想通过讨好的方式获得认可。

随着年龄的增长，我们的精神世界会不断得到完善，对世界的认知也在逐渐丰满，在精神与肉体的成长中，独立人格会逐渐形成。可是，如果在我们成长的过程中，某一环节发展不平衡的话，人格就会产生偏差。

讨好型人格的本质是没有形成完整的自我

有些朋友有宗教信仰，宗教教义会提供一套完整的行为标准、价值判断，告诉你什么是善、什么是恶、做什么能被鼓励、做什么会被惩罚。你只要照着做就行，原则很清晰。

我们大部分人都是无神论者，没有宗教信仰。那么除了法律之外，我们拿什么标准来判定自己的是非对错呢？答案是用我们慢慢形成的"三观"——人生观、价值观、世界观。通俗地说就是你以什么样的方式，在什么样的世界里活成什么样。你怎么定义这个世界的存在和自己的价值，不是简单的是非对错，而是一个漫长的过程，有时候你会发现自己的认知在变化，甚至被颠覆。

当我们没有形成完整的"三观"时，我们就很容易陷入别人的评价中，因为那是最直接的反馈，对方满意或者不满意会直接体现在对你的态度上。别人对自己的评价就好像是一个权威的声音，当生活里有人扮演了权威角色时，我们就很容易听从他的意见。

叔本华在《人生的智慧》一书里提到：

> 由于人性中存在一个特殊的弱点，人们常常对他人的评价顾虑太多——尽管这类评价几乎都没有什么可反思之处……因而难以理解的是，为何所有人都会因为得到了他人的好评而高兴异常，或因为听到了满足他们虚荣心的奉承话而愉悦万分。

没有形成独立自我的人，只要收获了他人的赞许，即便明白别人的赞美是个谎言，他也能感到快乐。讨好型人格的人太需要被肯定了，怕得罪人，怕因为自己对人家不够好而失去一段美好的关系。这正是因为没找到自己的价值在哪里，所以才会在意别人的评价，希望能从别人的评价中得到反馈，将别人的看法作为唯一的衡量标准。只有设定好自我反馈机制（行为标准和价值判断），才能不因别人对你的态度而高兴喜悦或悲伤难受。

讨好型人格总会特别敏感，喜欢洞察别人的情绪，就像故事里的婷婷。日常生活中不愿意因为自己的事麻烦到别人；害怕跟别人吵架，惹人不高兴；在和别人发生冲突时，永远是最先低头的那个，会首先检讨自己的问题，低头认错，即使伤心或者情绪不好，也只会默默地自己消解。

《被嫌弃的松子的一生》的主人公松子很明显就是讨好型人格。

松子的父亲更喜欢松子的妹妹，因此松子在家中所做的一切都是为了博得父亲的关注，但松子最终却被赶出家门。从此之后，她无论是在工作上还是爱情上始终都把自己放在最低的位置，刻意地迎合讨好别人。比如在感情生活中，她遇到的都是一些无法给她幸福的男人：穷困潦倒的作家、有妇之夫、黑社会的混混等。这些男人总是对她施暴，但松子却一次次毫无底线地向他们妥协退让。对松子来说，相比于家暴，她更害怕别人离开她。

这种情况在我们身边也非常常见。一旦习惯讨好他人，就容易承担过多的责任，也容易承受更多不必要的压力。这个时候，就容易被人际冲突的恐惧感压迫，陷入被动。那么，这种令人上瘾的人格可以扭转吗？当然可以。

停止讨好

想要摆脱讨好的心态，根本上是要找到自己真正的价值所在，建立完整的自我。

自我价值的建立过程其实是一个灵与肉的建立过程，需要你慢慢寻找标准，通过这个标准找到什么是对自己重要的。有些标准是别人给你的，比如有人告诉你30岁就该结婚，你信了，觉得那就是你的标准，甚至不仅自己遵守，还批评那些没有按照这个标准处事的人，认为他们离经叛道或者失败；而如果你发现了婚姻对你的独特意义，在此基础上明白"哦，也许我适合25岁结婚""也许我适合50岁结婚"这样独有的节奏，这就是你理解了人不用被群体化，并有了自己独立的思考。

很多人喜欢把个人能力很强的女性称为"独立女性"，我其实一直不大喜欢这个词。这个词似乎被曲解为"有能力赚钱养活自己的女人"就叫"独立女性"。而**我所赞赏的独立，是形成独立的人格，拥有自由的灵魂，成为一个有责任心的人。**这是比较好的人生状态，我们努力的方向应该是这样的。所谓独立，不该区分男性或女性，**只有独立的人格，不分独立的性别。**

当然，形成独立人格、建立完整的自我价值体系其实没那么快，你需要不断与世界碰撞，也要经历一定的试错过程。在真正建立价值体系前，也有一些远离讨好型人格的小技巧，我在这里给你提供几个切实有效的方法。

第一，从已经做好的事情上给自己肯定，表扬自己，给自己奖励。

当意识到自己是讨好型人格之后，你要给自己敲一下警钟——**讨好别人不会让我获得真正的快乐。**

人是复杂且千变万化的。一个人不可能获得全世界的爱，肯定有喜欢你的人，也有不喜欢你的人。你只有给自己充分的肯定和爱的时候，才会不受这些外界评价的干扰。所以，找到不断肯定自己的方法尤为重要。比如，在完成某项艰难的任务时，可以发个朋友圈鼓励自己，或是设定奖励机制请自己吃一顿大餐。在跟人对话的时候及时地捕捉自己的优点，比如有人夸你今天穿得很漂亮，你就回应："对，我眼光好吧！"言之有物地赞美自己是一种非常重要的能力，你可以好好练习一下。

第二，要明白，有些人就算失去了也没关系。

我身边有很多讨好型人格的朋友或同事，我的情绪对他们影响会很大，我不高兴，他们会很纠结，进而会把事办得更糟糕。所以我不喜欢跟讨好型人格的人走得太近，因为我是个非常自我的人，对方如果过于在乎我的情绪，为了迎合我而变得虚伪，我知道后会很不舒服。

所以讨好型人格的人需要明白一个道理：**卑躬屈膝并不能带来更多的安全感。**你要做的是，试着敞开自己的心扉，使关注点回到自身上来。人和人的性格不同，不会有完美的适配关系，有些人就算失去了也无所谓，时间会向你证明这一点。我们在意的人其实就那么几个，大多数人对我们来说就是过客，是认识的人或者熟人，甚至连朋友都算不上，他的评价和喜好有时候就是随意一说，真的没有那么重要。而且世界上从来没有绝对安全的场所，也没有绝对安全的人际关系。

第三，学会设立好目标和调整语言的习惯。

我有一个朋友，他把"对不起"当成了口头禅。任何时刻发生任何冲突，不管谁对谁错，他都会先道歉。比如走在路上别人撞了他，他的第一反应是先说对不起。为什么很多事明明不是他的错，他还要下意识地先说对不起呢？他仔细地思考了一下，觉得自己可能形成了一个错误的语言习惯，因为他感觉先说对不起就能让大家的关系进入一个平和的状态。对他来讲，对错并不重要，重要的是大家不要起冲突。但这个问题也使他在工作、生活中对任何事情都会不由自主产生愧疚感，特别是当他没有完成别人预期的目标时，愧疚感更强。

如果一个人总用很绝对的词——"我特别有把握""我十分有信心""我绝对有能力"，我反而不会太信任他，因为他在用一种绝对的语言方式掩盖他的底气：他其实并没那么大的把握，但又特别希望获得他人的信任，所以才会使用这些绝对的词语。

语言表达其实就是每个人心理活动的外化。所以，当你的语言表达没有那么好，或者你的语言表达总是呈一种风格的时候，就需要思考一下："我是不是有问题？是不是要调整一下自己？"

第四，搞清楚自己要什么，该拒绝的时候就果断拒绝。

学会说"不"很重要。如果你想拒绝别人，不知道怎么开口，可以想想别人是怎么拒绝你的。这样，再拒绝别人是不是就没那么难了？

把自己的感受放在首位并不是自私，而是对讨好心理说"不"。当然，这可能就像有烟瘾的人总会习惯性摸衣服兜一样，当别人求你帮忙时，你很想以讨好的心态答应他，否则就会如百爪挠心。但反过来想，帮别人也不是非你不可，被你拒绝后，对方可能只会耸耸肩，转头就去找其他人了。所以，别想太多。

不过，拒绝人也要有技巧，要让别人真正理解你在做什么、想什么，这需要一定的沟通技巧去和别人达成共情、共识。推荐你读读我的第一本书《把自己当回事儿》，能给你提供一些答案。

通透时刻

获得幸福的勇气也包括"被讨厌的勇气"。一旦拥有了这种勇气，你的人际关系也会一下子变得轻松起来。

毫不在意别人的评价、不害怕被别人讨厌、不追求被他人认可，如果不付出以上这些代价，那就无法贯彻自己的生活方式，也就不能获得自由。

——摘自《被讨厌的勇气》

[日]岸见一郎、古贺史健　著

从零开始
ZERO

所谓"通透"，是你在任何事情发生的第一时间就已经把目标、优先排序、做完这件事情能得到或失去什么等在脑子里完整地过了一遍且想明白了。有的人可能需要经历大量的情绪起伏与辗转反侧，才能把这些梳理清楚，甚至到最后也梳理不清楚。所以在我看来，"通透"几乎可以称为"超能力"了，对一个通透的人来说：第一，能明确自己的目的；第二，能厘清他人行为背后的逻辑；第三，能放下对人性的幻想和对他人的期待。当你达到通透的境界，自然而然会减少非常多的痛苦和烦恼，提升人生效率，但同时你会觉得几乎所有的事情都没那么大的刺激感和未知感了，人生就变得很无聊。

　　关于人生怎么过，有各种各样的选项，你可以选择稀里糊涂、游戏人生，当然，得过且过也行。通透肯定不是一个优先选项，它只是选项之一。

　　我写这本书并不是告诉你，你的人生必须得通透，这世界上总有人想混着过完这一生，不想活得那么明白，这完全可以，也绝不是错误的选择。但是当你想成为一个更有效率的人、想拥有更通透的人生时，这本书是你理解人性的一个工具，能帮助你去梳理自我认知与世界相联系的困境，能帮你打破表象看到事情的本质。

人性其实是人共同的一些规律，当你理解了这些时，就会比较容易理解别人的行为；当你理解了别人的行为时，遇到事情就不会轻易生气或失望；当你理解了别人做事或者别人对待你的方式都是有一定的原因时，就比较容易形成自洽，也能更快洞悉自己的问题，知道哪条路更适合自己。

了解自己，了解自己和世界的关系，是我在每一本书里都会去探索的内容。

在这本书的开头我提到，知行合一很难；在书的结尾，我想说，读懂人性后，从零开始。

附录

通透书单

〔美〕刘墉　著／《我不是教你诈》／接力出版社／2003

〔美〕丹尼尔·利伯曼　〔美〕迈克尔·E.朗　著／郑李垚　译／《贪婪的多巴胺》／中信出版集团／2021

〔美〕威廉·格拉瑟　著／王梦妍、魏宁　译／《积极上瘾》／机械工业出版社／2018

〔英〕伯特兰·罗素　著／易思婷　译／《幸福之路》／湖南人民出版社／2021

杨天真　著／《把自己当回事儿》／北京联合出版公司／2021

〔日〕榎本博明　著／陈雅婷　译／《酸葡萄效应》／天津人民出版社／2019

〔美〕罗伯特·B.西奥迪尼　著／闾佳　译／《影响力》／北京联合出版公司／2021

郑渊洁　著／《童话大王》／童话大王杂志社

〔美〕马歇尔·卢森堡　著／阮胤华　译／《非暴力沟通》／华夏出版社／2009

〔美〕戴维·迈尔斯　著／侯玉波、乐国安、张志勇　译／《社会心理学》／人民邮电出版社／2014

〔奥〕阿尔弗雷德·阿德勒　著／李欢欢　译／《洞察人性》／中国人民大学出版社／2017

〔美〕蒂姆·费里斯　著／杨清波　译／《巨人的工具》／中信出

版集团／2018

[美]房龙　著／张蕾芳　译／《宽容》／译林出版社／2016

[美]理查德·格里格　[美]菲利普·津巴多　著／王垒　等译／《心理学与生活》／人民邮电出版社／2016

[美]帕特里克·J.麦金尼斯　著／王敏　译／《错失恐惧》／天地出版社／2021

[美]戈登·W.奥尔波特　著／凌晨　译／《偏见的本质》／九州出版社／2020

[美]丹尼尔·卡尼曼　著／胡晓姣、李爱民、何梦莹　译／《思考，快与慢》／中信出版集团／2012

[美]罗宾·斯特恩　著／刘彦　译／《煤气灯效应》／中信出版集团／2020

[英]西里尔·诺思科特·帕金森　著／刘四元、叶凯　译／《帕金森法则：职场潜规则》／中国人民大学出版社／2007

[美]玛丽亚·康妮科娃　著／孙鹏　译／《我们为什么会受骗》／上海文化出版社／2021

[美]纳西姆·尼古拉斯·塔勒布　著／雨珂　译／《反脆弱》／中信出版集团／2014

[美]斯蒂芬·盖斯　著／桂君　译／《微习惯：简单到不可能失败的自我管理法则》／江西人民出版社／2016

[美]刘轩　著／《幸福是一种智慧：日常生活心理平衡术》／接力出版社／2020

[美]戴尔·卡耐基　著／陶曚　译／《人性的弱点》／天津人民出版社／2014

[英]约翰·斯图尔特·穆勒　著／徐大建　译／《功利主义》／商务印书馆／2019

[美]谢丽尔·桑德伯格　著／颜筝　译／《向前一步》／中信出版集团／2013

[德]叔本华　著／韦启昌　译／《人生的智慧》／上海人民出版社／2008

[日]岸见一郎　[日]古贺史健　著／渠海霞　译／《被讨厌的勇气》／机械工业出版社／2015

图书在版编目（CIP）数据

通透 / 杨天真著 . -- 长沙：湖南文艺出版社，2023.3
ISBN 978-7-5726-0260-3

Ⅰ.①通… Ⅱ.①杨… Ⅲ.①情商—通俗读物 Ⅳ.① B842.6-49

中国国家版本馆 CIP 数据核字（2023）第 028977 号

上架建议：畅销·励志

TONGTOU
通透

著　　者：杨天真
出 版 人：陈新文
责任编辑：吕苗莉
监　　制：张微微
策划编辑：沈梦原
项目支持：田　叶　周　沫
特约编辑：张雅琴
书名题字：王昱珩
封面插画：李　瑜
装帧设计：梁秋晨
经纪团队：何苾婷　史金玮
营销支持：罗　洋　霍　静　李韫璐
出　　版：湖南文艺出版社
　　　　　（长沙市雨花区东二环一段 508 号　邮编：410014）
网　　址：www.hnwy.net
印　　刷：北京嘉业印刷厂
经　　销：新华书店
开　　本：875 mm × 1230 mm　1/32
字　　数：219 千字
印　　张：8.75
版　　次：2023 年 3 月第 1 版
印　　次：2023 年 3 月第 1 次印刷
书　　号：ISBN 978-7-5726-0260-3
定　　价：62.00 元

若有质量问题，请致电质量监督电话：010-59096394
团购电话：010-59320018